シーボルト 日本植物誌

大場秀章 監修・解説

筑摩書房

もくじ

まえがき 7

凡 例 16

日本植物誌 17
(以下、図版掲載ページを示す)

1 シキミ 18
2 シイ 19
3 レンギョウ 22
4 オキナグサ 23
5 シュウメイギク (別名 キブネギク) 26
6 ウツギ 27
7 マルバウツギ 30
8 ヒメウツギ 31
9 ツクシシャクナゲ 34
10 キリ 35
11 ウメ 38
12 カノコユリ 39
13 シロカノコユリ 42
14 ウバユリ 43
15 マルキンカン 46
16 ヤマボウシ 47
17 サネカズラ 50
18 キブシ 51
19 トサミズキ 54
20 ヒュウガミズキ 55
21 ゴシュユ 58
22 ユスラウメ 59
23 エゴノキ 62
24 クロキ 63
25 ウド 66
26 イワガラミ 67
27 バイカアマチャ 70

28	ハマナス 71	53	ベニガク 122
29	タニウツギ 74	54	ツルアジサイ 123
30	シロバナウツギ 75	55	オオアジサイ 126
31	ハコネウツギ 78	56	ヤマアジサイ 127
32	ヤブウツギ 79	57	ヤマアジサイ 130
33	ツクシヤブウツギ 82	58	アマチャ（別名 コアマチャ）131
34	コツクバネウツギ 83		
35	ツワブキ 86	59-I	シチダンカ／59-II ツルアジサイ 134
36	オオツワブキ 87		
37	オオデマリ 90	60	ガクウツギ 135
38	ヤブデマリ 91	61	ノリウツギ 138
39	ヤマグルマ 94	62	コアジサイ 139
40	ヤマグルマ 95	63	タマアジサイ 142
41	ノヒメユリ 98	64	ギョクダンカ 143
42	ザイフリボク 99	65	クサアジサイ 146
43	ナツフジ 102	66	クサアジサイ 147
44	フジ 103	67	ゴンズイ 150
45	ヤマフジ 106	68	ミヤマシキミ 151
46	ハクウンボク 107	69	ユキヤナギ 154
47	アサガラ 110	70	シジミバナ 155
48	ガンピ 111	71	ギョリュウ 158
49	センノウ 114	72	フサザクラ 159
50	サンシュユ 115	73	ケンポナシ 162
51	ガクアジサイ 118	74	ケンポナシ 163
52	アジサイ（'オタクサアジサイ'）119	75	フジモドキ 166
		76	ムベ 167

77	アケビ 170			ドイゲ 215
78	ミツバアケビ 171	101	コウヤマキ 218
79	アカメガシワ 174	102	コウヤマキ 219
80	モッコク 175	103	コウヨウザン 222
81	サカキ 178	104	コウヨウザン 223
82	ツバキ 179	105	カラマツ 226
83	サザンカ 182	106	ツガ 227
84	サンシチソウ（別名 サンシチ）183	107	モミ 230
		108	ウラジロモミ 231
85	シャリンバイ 186	109	モミ 234
86	ハナイカダ 187	110	エゾマツ 235
87	ハマビワ 190	111	ハリモミ 238
88	クスドイゲ 191	112	アカマツ 239
89	マテバジイ 194	113	クロマツ 242
90	ニワウメ 195	114	クロマツ 243
91	ツルニンジン 198	115	ゴヨウマツ 246
92	ツルアジサイ 199	116	チョウセンマツ（別名 チョウセンゴヨウ）247
93	ハマボウ 202		
94	イスノキ 203	117	イトヒバ 250
95	ミツバウツギ 206	118	コノテガシワ 251
96	ヒメシャラ 207	119	アスナロ 254
97	ビワ 210	120	アスナロ 255
98	ヤマブキ 211	121	ヒノキ 258
99	シロヤマブキ 214	122	サワラ 259
100-I	イワガラミ／100-II ハマビワ／100-III クス	123	ヒムロ 262
		124	スギ 263

（124b　スギ　266）
125　ネズミサシ（別名 ネズ）
　　267
126　イブキ　270
127　ハイビャクシン　271
128　イチイ　274
129　カヤ　275
130　イヌガヤ　278
131　イヌガヤ　279
132　イヌガヤの一型　282
133　イヌマキ　283
134　ラカンマキ　286
135　ナギ　287
136　イチョウ　290
137　モミ類の葉痕と葉枕
　　291

138　ブラジルマツ　294
139　ナンヨウスギ　295
140　シマナンヨウスギ
　　298
141　コミネカエデ　299
142　チドリノキ　302
143　ハナノキ　303
144　ハウチワカエデ　306
145　イロハモミジ　307
146　シメノウチ　310
147　ウリカエデ　311
148　ウリハダカエデ　314
149　ノグルミ　315
150　サワグルミ　318

解　説　319

参考文献　339

索　引　340

まえがき

　本書は、シーボルトの『日本植物誌』に掲載された植物画 151 図版をすべて縮小収録した、一種の復刻本であるが、各図版毎に、描かれた植物の特徴や分布、図化の経緯など、関連する事項について新たに記述を加えた。
　ここでは、本書を読むに当たり、事前に必要であると思われる、シーボルト来日の経緯、『日本植物誌』の特色、協力者、植物分類学での基本用語などにふれておきたい。

シーボルト来日までの経緯
　シーボルトは 1796 年にドイツのヴュルツブルクで生まれたドイツ人である。ヴュルツブルク大学で医学を修め、ハイディングスフェルトで開業医となったものの、すぐにオランダの東インド植民地に勤務する軍医となり、11 代将軍徳川家斉の時代の文政 6 年（1823）に来日、同 12 年（1829）までの 7 年間、日本に滞在した。化政年間（文化・文政期）は文化的な爛熟期で、政治的にも安定し、健康や医学にたいする関心が高かった。
　化政年間に先立つおよそ 100 年前の享保 5 年（1720）に、江戸幕府中興の祖といわれる 8 代将軍徳川吉宗は、キリスト教関連書以外のオランダ書の輸入を解禁した。この措置以降、日本での西洋式の学問、とくに医学への関心が急速に高まっていった。

当時の日本が窓を開いていたヨーロッパ唯一の国オランダは、かつての東インド会社統治領を植民地化し、利益の大きかった日本との貿易を独占しようとしていた。また、ヨーロッパ列強が進める植民地への文化政策を、日本で実施しようと考えた。

　鎖国下の日本に科学調査団の派遣は許されない。オランダは、日本における西洋の学問、とくに医学への関心の高まりに着目した。科学的な才能もそなえた医師を派遣すれば、調査と医術の伝授という文化政策も並行して遂行できると考え、出島のオランダ商館に派遣する医師にこの役割を課した。閑職であった商館医師が、突然国家施策にもとづく特別な職へと転じたのである。この目的を遂行する一種の植民地科学者として来日した人物こそが、シーボルトだった。

　町医者として開業経験もあったシーボルトは、日本で最初の西洋医学の専門学校、鳴滝塾(なるたきじゅく)を設置して、多くの日本人に西洋医学を伝授し、湊長安、吉雄幸載(よしおこうさい)、美馬順三(みまじゅんぞう)、平井海蔵(こうりょうさい)、高良斎などの弟子を養成した。居留が義務付けられていた出島の外の鳴滝に学校を設けることができたのは、特例中の特例である。これは、医学教育が日本側の要望にも応えたものだったことが大きい。

　シーボルトや、彼を派遣した関係者は、行動が厳しく制約された鎖国下の日本で、どうすれば必要かつ質の高い資料と情報を最大限に入手できるかを、周到に考えた。そこで採られたのが、塾生たちに博士または学位論文を課す方法だった。シーボルトは塾生に、医学以外の分野を含む多様な領域の課題に、オランダ語で論文を書くことや資料を

提出することを求めた。

　こうしてシーボルトは居ながらにして、日本各地の植物やその他諸事物に関わる情報を集めることができた。鳴滝塾に集った優秀な弟子たちの助力がなかったら、シーボルトの３部作、『日本』『日本植物誌』『日本動物誌』のための質の高い情報の集積など望むべくもなかっただろう。

　本書『日本植物誌』でも門人たちの助力に負う部分は少なくない。加えてシーボルトからの依頼に応じた蘭学や本草学の大家宇田川榕菴や桂川甫賢、水谷助六、伊藤圭介、最上徳内らの協力も大きかった。彼らの一部は植物についての知識と経験知を持ち合わせており、後述する『日本植物誌』の覚書きに彼らの貢献を多く見出すことができる。

『日本植物誌』について

　本書『日本植物誌』（『フロラ・ヤポニカ』）は、シーボルトがツッカリーニの助力をえて共著として出版した、日本の植物についての研究書である。正しくはシーボルトとツッカリーニの共著と表記すべきであるが、ここでは慣習によりシーボルトの『日本植物誌』と記す。

　本書は２巻に分けて出版されたが、出版は当時の慣習により、多数の分冊に分かれ、順次刊行されていった。最初の第１分冊が刊行されたのは1835年、最終分冊の刊行はシーボルトもツッカリーニも没した1870年で、その間35年の歳月が経過している。表題は *Flora japonica sive plantae, quas in imperio japonico collegit, descripsit, ex parte in ipsis locis pingendas curavit*（以下省略）、『日本植物誌すなわち日本帝国で採集し、記載し、一部は現地にて

描かせた植物』(以下省略) という。シーボルトの私費出版であったが、シーボルトとツッカリーニの没後に刊行された第2巻の最終分冊のみは、ミクェルが編集し、ライデンのシーボルト気候馴化植物園から出版された。

表題には、この著書が、観賞植物あるいは有用植物だけからなる『日本植物誌』の第1部であることが明記されていて、日本の植物のなかでもとくに園芸的な資源性が高い植物に焦点が当てられていることが判る。

表題にある flora とは、ある地域に生育する植物の全種のことをいい、「植物相」と訳される。またその全種の分類学的記述をも flora と称し、その場合は「植物誌」と訳される。つまり、flora japonica とは、日本の植物相という意味でもあり、日本の植物誌でもありうるのだが、内容からこの場合は『日本植物誌』とするのが適切である。

『日本植物誌』の構成

『日本植物誌』本文では、彩色を施された図版と長文の解説がセットとなっており、学術的には図版は記述を補うものとして位置づけられている。

a．解説文の構成　解説は各植物ごとの表題に続き、それぞれの植物の特徴が2〜8行程度で記述される。続いて、和名、漢名、当該植物を扱った文献が箇条書きで提示される。表題は学名で記されている。

植物に限らずあらゆる生物には、国際的な一定の学術ルールにしたがって学名が与えられている。学名は、情報化社会にあっては幾多の利便性を具え、生物学の分野だけに限らず、広い分野で用いられている。それにたいしてキリ

やイチョウのような日本での名称は、和名または日本名という。

キリの学名は、*Paulownia tomentosa* である。最初の語を属名、後の語を種小名という。キリやイチョウなどの種の学名はこの2つの語から構成されている。*Paulownia* も *tomentosa* もラテン語の文法にしたがって命名されている。前者は「パウロウナの」という意味であり、シーボルトと『日本植物誌』の出版を支援したオランダ国王ウィレム2世后妃アンナ・パウロウナ大公女への献名である。後者は、詰め物にすることから転じ「綿毛のある」の意味をもつ形容詞である。

植物園などでキリの学名をみると *Paulownia tomentosa* (Thunb.) Steud. のように記されていることも多い。学名にない (Thunb.) Steud. はキリの学名の命名に関った人物名である。カッコ内の Thunb. はツュンベルク (Carl Peter Thunberg)、Steud. はストイデル (Ernst Gottlieb von Steudel) を、命名者表記上の省略形で表したものだ。

シーボルトとツッカリーニにより『日本植物誌』で新属や新種として発表された植物は多数にのぼる。たとえばウツギの学名 *Deutzia crenata* Siebold & Zucc. に含まれる Siebold & Zucc. は、シーボルトとツッカリーニの省略形として、学名の命名者表記に普通に用いられる。ただ、彼らが命名した学名は、全部この『日本植物誌』で発表されたわけではない。バイエルンの自然科学学会紀要などに掲載された論文で発表された新植物も多い。

続いて、当該植物の属性について、専門用語を用いた長文の記述がくる。冒頭の特徴の記述とこの長文の記述を読

めば、その植物の姿かたちが仔細にわたり再現でき、図版はそれを助ける役割を果たしている。このように植物の特徴を文書で記述することを、生物学では記載という。新種の発表には記載が不可欠であり、ただ学名を与えただけでは学界に発表されたことにはならない。記載はその植物についての分類学研究の成果によるものであり、記載こそが研究者としての真骨頂でもある。本書でもしばしば記載という言葉を用いたが、その意味は上に記したとおりである。

本書でも、驚くほど数多くの形質について分析がなされ、記載はその結果に基礎を置いていることが判る。記載は今日の水準から検討しても誤りが少ない。新しい属の記載では、その類縁関係が考察されているが、多くの場合今日からみても正しいと判断される結論が下されている。本書は、シーボルトらに先立ち日本の植物を研究したケンペルやツュンベルクとは比べものにならない高いレベルの分析によっており、一気に研究の水準を引上げてしまったといえる。現代に直結する日本植物の研究の出発点がこの『日本植物誌』であるといっても過言ではない。

長文の記載の後は、当該植物の分布、生育地、開花期、結実期が簡素に提示され、さらに図版の説明が続く。その後に補足などが記される場合もある。それに続くのが、シーボルト自身によったと考えられている、覚書きである。

覚書きだけは、ラテン語ではなくフランス語で書かれている。経済的にも広い範囲の読者層をえる必要があったともいう。覚書きはシーボルトが収集した見聞や文献によって書かれており、化政年間を中心とした民俗植物学、植物資源学の重要な資料である。また、シーボルトがこうした

覚書きをものすることを可能とした、当時の日本人の植物についての知的水準と、日本人学者の資質の高さを示すものとしても興味深い。資源として利用することを通じ、当時の人々が野生植物と身近に接していた様相も伝わる。本書でもシーボルトらの植物のみかたや理解のしかた、あるいは当時の人々の当該植物との関わりを示すために、しばしばこの覚書きを引用した。

本書で取り扱われたすべての植物の研究に彼らが用いた研究資料である押し葉標本は、オランダ国立植物学博物館ライデン大学分館に収蔵される。また一部は共著者ツッカリーニの研究拠点であったミュンヘンのバイエルン州立植物標本館などにも保管されている。

b. 図版 『日本植物誌』は、世界で最初の日本植物の本格的な彩色画集であり、植物画の歴史上でも意義のある出版物である。『日本植物誌』の図版の半数以上に画家と製版者の名が明記されている。画家として最も多数を描いたのはミンジンガー（Sebastian Minsinger）である。その他カルトドーフ（Victor Kaltdorff）、ヴィルヌーヴ（de Villeneuve）らの名がある。製版はジーグリスト（Wilhelm Siegrist）によるものが多い。ミンジンガーはマルチウスの大作『ブラジル植物誌』の図版の制作にも携り、ヨーロッパにおける当代一流の植物画家のひとりであった。また、ミンジンガーは、ツッカリーニの出版した樹木の本でも18図版を描いている。彼はツッカリーニから贔屓にされた画家であったのだろう。ケルナーによれば、『日本植物誌』の最初の10図版はミュンヘンの石版印刷所で作製され、1図版を除きミンジンガーが原画を描き、ジーグリス

トが製版した、という。

　一部を除けば『日本植物誌』の植物画は、植物画の条件として何よりも優先される植物学的正確さに優れている。これはシーボルトが日本で生きた植物を写生させた下絵に負うところが大きい。下絵の多くは川原慶賀（登與助）などの日本人絵師が描いた。慶賀らにとって、日頃から馴れ親しんでいる植物だけに、下絵の多くは核心をついている。

　『日本植物誌』の図版の一部には、各部分のリアリティーに比べ、全体の構図が不正確だったり、不自然で見劣りするものがある。慶賀ら日本人絵師の作品は下絵としては優れるが、多くはそのままでは『日本植物誌』の図版とはならなかった。当時の植物画のスタイルから外れていたからだ。全形や花を描くには不向きな位置から描かれていることも多い。技法の訓練を受けたヨーロッパの製版画家には稚拙に思われたのであろう。多くの場合、下絵から原画を作製する段階で、その植物の特徴を超えて植物画としての体裁に拘った製版画家や、一層の花つきや実つきのよさを求めたシーボルトやツッカリーニの要求がこうした歪みを生む原因となったものと考えられる。

　『日本植物誌』の図版には、手彩色のために黒線による縁どりがなされ、輪郭線のある植物画になっている。手彩色による有色化は、当時のイギリスとドイツ各地で広く行われた手法で、本ごとに色調にちがいを生じたり、塗りむらがあったりする欠点もあったが、色彩は他のどの方法よりも鮮やかで、根強い人気があった。

※遺伝子研究等の成果を取り入れた植物分類体系の変更に照らし、5刷より所属する科を一部で変更した。（2016年12月）

シーボルト

日本植物誌

凡　例

・本書には、シーボルトとツッカリーニによる『日本植物誌』(1835-70) 掲載の植物画全 151 点（うち 1 点は彩色がない）を収録する。

・『日本植物誌』は図版（銅版画、手彩色）、ラテン語による植物学的記載、フランス語による覚書きより成るが、本書には図版と、ラテン語記載中の和名・学名を収め、あわせてそれぞれの植物について、監修者による解説を付す。

・各項目の見出しには、次の内容を以下の順番で記した。

　　項目番号　現在の和名　　　　科名
　　『日本植物誌』記載の和名
　　『日本植物誌』記載の学名
　　［現在通用の学名が上記と異なる場合はその学名］

・シーボルトの覚書きの引用に出てくるフィートなどの単位は当時のもので、現在の単位とは換算率が異なっている。また、引用中の（　　）は本書監修者による。

・『日本植物誌』の概要、成立背景、シーボルトの生涯等については、監修者によるまえがきと解説を参照されたい。

　　　　中扉　シーボルトの肖像（川原慶賀画）

1　シキミ　　マツブサ科

Skimi
Illicium religiosum Siebold & Zucc.
[*Illicium anisatum* L.]

　シキミは、中華料理に欠かせないスパイス、トウシキミ（大茴香）と同じ仲間の有毒植物である。シーボルトらに先立って日本の植物を最初に研究したケンペルは、シキミについて詳しく図解・記述し、仏教との関連を指摘したが、トウシキミとの関係には言及していない。ケンペルに続くツュンベルクは、シキミはトウシキミのような芳香に欠けるが、種としてはトウシキミと同じであるとした。

　シーボルトらは、シキミがトウシキミとはまったく別の新植物であることを喝破し、1835年に本書で *Illicium religiosum* の学名を与えた。しかし、学名としては、分類学の父リンネが、ケンペルの図と記載にもとづいて1759年に命名した先行名 *Illicium anisatum* があるため、シーボルトらの学名は異名となる。シーボルトは覚書きで「シキミは僧によって大昔に中国または朝鮮から日本に移入された植物のひとつ」と記しているが、これは誤りで、シキミは日本に自生し、関東地方以西に広く分布する。

　全形図は川原慶賀が描いた原図をもとに作成された。原図の持ち味が生かされており、シキミの姿をリアルに伝えている。

ILLICIUM religiosum.

| シキミ

QUERCUS cuspidata.

2 シイ

2　シイ　　ブナ科

Sji noki
Quercus cuspidata Thunb.
$\left[\begin{array}{l}\textit{Castanopsis cuspidata} \text{ (Thunb.) Schottky [ツブラジイ];} \\ \textit{Castanopsis sieboldii} \text{ (Makino) Hatus. ex T. Yamaz. \&} \\ \text{Mashiba [スダジイ]}\end{array}\right.$

　シイノキの名でも親しまれているシイは、植物学上はツブラジイとスダジイの 2 種に区分される。ツブラジイはコジイともいい、関東地方南部以西の本州、四国、九州（屋久島まで）に分布する。球形または卵形の堅果（どんぐり）をもち、堅果の長さは 0.6〜1.3 cm になる。樹皮は灰褐色で割れ目はないか、あっても小さい。一方、スダジイは福島・新潟県以西の本州、四国、九州（屋久島まで）と韓国済州島に分布する。堅果は卵状長楕円形で、長さは 1.2〜2.1 cm になる。樹皮は黒褐色で、ふつう縦方向に深くかつ長く割れる。東京でよくみるのはスダジイの方だが、西日本ではツブラジイも多い。

　本書の図はツブラジイとスダジイが同種として区別されずに描かれているので、今日からみるとはなはだしい混合図ということになる。Ⅰ、ⅡとⅣはスダジイ、Ⅴはツブラジイである（Ⅲは不明）。

　シーボルトに先立ってツュンベルクが記載したシイは、証拠として残された標本からツブラジイであることが明らかである。1909 年に牧野富太郎はスダジイにシーボルトを記念する *sieboldii* という学名を提唱した。

3　レンギョウ　　モクセイ科

α 変種（図のⅠ、Ⅱ）は Itatsi-Gusa,
β 変種（図のⅢ、Ⅳ）は Kitatsi-Gusa
Forsythia suspensa (Thunb.) Vahl

　中国原産。日本へは天和年間初期の1681年から83年に渡来した。シーボルトも覚書きで、「このきれいな低木はどこの庭でも栽培されているが、日本においては真に野生的な状態ではごくまれにしかみられない。このことからしてシナから持ち込まれたものと思われる」と記している。

　また、シーボルトは「この美しい植物をオランダに持ち込むことができたのはフェルケルク・ピストリウス（Verkerk Pistorius）のおかげで、彼は1833年に、他のいくつかの植物とともにこれを日本から持ち帰ることに成功したのである」と書いている。

　ヤマブキとともに早春に鮮やかな黄色の花を開くレンギョウは、開花時には葉が未開ということもあって、ひときわ目立つ。ヨーロッパでは早春の景色に見事なまでに溶け込み、あたかもずっと昔からヨーロッパに野生していたような佇まいを醸している。もっとも、今日広く栽培されるのは、レンギョウよりも花が大きく一層見栄えのするアイノコレンギョウ（*Forsythia×intermedia*）である。これは、本種とシナレンギョウ（*Forsythia viridissima*）との交配から生じた園芸種である。

FORSYTHIA suspensa

3 レンギョウ

ANEMONE cernua.

4 オキナグサ

4　オキナグサ　　キンポウゲ科

Sjaguma-Saiko, Kawara-Saiko, Wokina-Gusa
Anemone cernua Thunb.
[*Pulsatilla cernua*（Thunb.）Bercht. & J. Presl]

　本書の図には川原慶賀が描いた原図の魅力がよく反映されている。慶賀はシーボルトのために描いたオキナグサの図が気に入っていたのだろうか、『慶賀写真草』にも類似の図が収められている。もっとも同書は、質の悪い彫版師による板刻のせいで、慶賀の植物画にあるしなやかさを欠くなど、あまりのひどさに目を覆いたくなる代物だ。
　本州、四国、九州に分布し、かつては各地の原野などにまれではなかったが、原野自体が姿を消してしまったこともあり、今は絶滅が危惧される植物となった。

5 シュウメイギク 別名 キブネギク　　キンポウゲ科

Kifune-Gik'
Anemone japonica Thunb.
[*Anemone hupehensis* Lemoine var. *japonica* (Thunb.) Bowl. & Stearn]

　シュウメイギクは別名をキブネギクという。シーボルトは覚書きで、「キブネギクは森の湿潤地や小川のほとりなどに生えるが、最もよくみかけるのは京の都に近い貴船山である。貴船の菊を意味するキブネギクという和名はここに由来する」と記す。7年間も日本に滞在し、かつ自らも採集と情報収集に獅子奮迅の努力をしたシーボルトならではの記述である。
　シーボルトが持ち帰った種子から育った樹木も残るオランダのライデン大学植物園には、シーボルト庭園がある。日本植物を中心に植栽されたその庭で、ひときわ目立つのがシュウメイギクだ。高さも1mを優に超える。花は7月には開き、秋いっぱい咲いている。これはシーボルトが持ち帰った種子から育ったものだろうか。

ANEMONE japonica.

5 シュウメイギク

DEUTZIA crenata.

6 ウツギ

6　ウツギ　　アジサイ科

和名の記載なし
Deutzia crenata Siebold & Zucc.

　ウノハナともいうウツギは日本だけで13種あり、ウツギ属（*Deutzia*）に分類される。葉や枝などに星状毛という枝分かれする毛が生えるのが特徴のひとつである。属名の *Deutzia* はツュンベルクの命名によるが、彼の日本への渡航を支援したオランダ市民、Johan van der Deutz に因んでいる。日本に産する13種のうち、普通にみられるのは本書で図解されたウツギ、マルバウツギ、ヒメウツギの3種である。

　本図ウツギは、そのなかでも最も分布が広く、北海道南部から九州に及ぶ。日当たりのよい斜面などに群生することもある。この図はマルバウツギを思わせるところもあるが、星状毛などの特徴はウツギのものである。

7　マルバウツギ　　アジサイ科

Utsugi, Unohana
Deutzia scabra Thunb.

　マルバウツギは花序(かじょ)（48ページ参照）を生じる枝の葉に柄がない、という特徴がある。ツュンベルクが命名したウツギは本種である。シーボルトは覚書きで「日本で最もよくみかける種はマルバウツギで、垣根や緩やかな斜面に生え、まれに海抜390 m以上の岩場に、マサキやニシキギ、ガマズミ、ヒサカキ、イボタノキ、スイカズラ、エビヅル、ツタなどの仲間の植物とともに生えていることがある」と書く。確かにマルバウツギは乾き気味の岩場にもよくみかける。一緒に生えるとして列挙された植物も、まさにそのような場所でみることが多い。これはシーボルト自身の観察によるのか、門人たちの提出したレポートやメモによったものだろうか。

　またシーボルトは、マルバウツギがウコギやアジサイ属の低木とともに垣根に用いられることを記している。シーボルト初来日の頃は、地方に限らず都市にも庭付きの住宅が多く、垣根が設けられていたのだろう。漆喰や板塀以外に、生垣のところが多く、それらはシーボルトの目を引いたにちがいない。ヨーロッパの生垣に用いる植物は限られていたが、日本では多様な植物が垣を彩っていたからだ。

029

DEUTZIA scabra.

7 マルバウツギ

DEUTZIA gracilis

8 ヒメウツギ

8 ヒメウツギ　　アジサイ科

和名の記載なし
Deutzia gracilis Siebold & Zucc.

　街道から離れて谷あいや山奥には出かけることができなかったシーボルトにとって、ヒメウツギを目にする機会はほとんどなかったにちがいない。覚書きで深山にしかないと書いているのも頷ける。

　ウツギ属の3種の図はいずれも多数の解剖図をともない、植物学的にも充実したものになっている。実際、ウツギ属での種の区別には、星状毛や雄しべの花糸(かし)の形状など、微細な特徴を取上げねばならず、シーボルトらの図解はそれに応えたものになっている。ヒメウツギの雄しべの花糸は肩の部分が上方に張り出し、奴さんのようにみえるが、マルバウツギの花糸はなで肩である。星状毛にもちがいが見出せる。日本の植物について、こうした微細な形状まで記述するだけでなく、図解したのは、シーボルトらが最初といってよい。

9　ツクシシャクナゲ　　ツツジ科

Sjakunange
Rhododendron metternichii Siebold & Zucc.
[*Rhododendron degronianum* Carr.
subsp. *heptamerum* (Maxim.) H. Hara]

　シャクナゲは、日本の標高の高い山地に5種が自生し、そのうちの1種、アズマシャクナゲは、分布地域を異にする5つの亜種や変種に区分される。

　シーボルトらが図示したシャクナゲは本州の紀伊半島、四国、九州に分布するツクシシャクナゲである。シーボルトは覚書きで、「この美しい種は北日本北部の高山に生育し、とりわけ日光の山々には多く見出される」と書いているが、日光に自生するのはホンシャクナゲだ。ツクシシャクナゲもホンシャクナゲも、ともにアズマシャクナゲの亜種・変種で、よく似てはいるが、前者の葉は裏面に褐色の綿毛が密生して目立つのにたいして、後者のそれは淡色で目立たない。

　ツクシシャクナゲは九州に自生していたことから、ケンペルやツュンベルクの目にも触れ、それぞれが自著にこのシャクナゲのことを書いている。種小名 *metternichii* は、'メッテルニッヒの'の意味で、名高いオーストリアの宰相に献名されたものである。彼はシャクナゲに並々ならぬ関心を抱いていたとシーボルトは覚書きに記している。

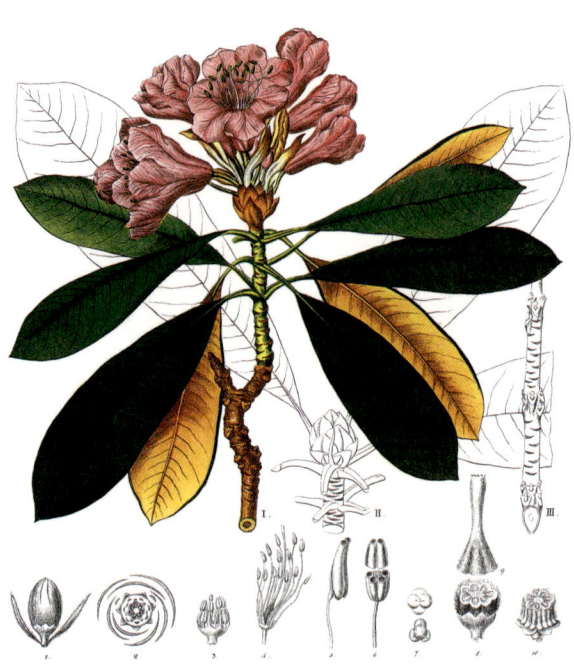

RHODODENDRON Metternichii

9 ツクシシャクナゲ

PAULOWNIA imperialis.

10 キリ

10　キリ　　キリ科

Kirrí
Paulownia imperialis Siebold & Zucc.
[*Paulownia tomentosa*（Thunb.）Steud.]

　シーボルトは覚書きで「我々はキリによって構成される新しい属を勝手ながら *Paulownia* と命名させていただいた。……オランダの世襲の王女[ママ]にしてロシア大公女殿下であられる方のお名前に敬意を表したものである。……3本の花のついた枝を伴ったキリの葉が、日本の有名な英雄、太閤様の紋章として使われ、それゆえ今日もなおキリが日本でたいへん高く評価されている」と、命名の経緯を記している。シーボルトらはこの著作自体も彼女に献呈し、その支援に感謝している。ここに記される王女とは、アンナ・パウロウナである。わずか一日で保守専制的国王からリベラルな進歩的国王に豹変したことで知られる、オラニェ・ナッソウ家のウィレム2世（在位1840-49年）の妃で、1865年3月1日に亡くなった。その遺体は王族の墓所でもあるデルフトの新教会に埋葬されている。
　その長い覚書きから、シーボルトは、材が軽く様々な用途をもち、繁る大きな葉が日陰樹としての価値を高め、そのうえ、大きく色も鮮やかな花をもつキリに特別の愛着を抱いていたことが想像される。日本に自生していたとの説もあるが、中国中部が原産地であろう。

11　ウメ　　バラ科

Mume
Prunus mume Siebold & Zucc.
[*Armeniaca mume* (Siebold & Zucc.) de Vriese]

　中国の揚子江流域が原産地であろう。日本には西暦700年以前に渡来したと推定される。奈良・平安時代初期には唐風文化の影響で、貴顕の人々の愛でる花木として珍重された。江戸時代は8代将軍吉宗の産業奨励政策により、工業用の酸などの生産のために各地に梅林が育成された。

　シーボルトの覚書きは日本通の面目がいかんなく発揮されたものになっている。江戸時代ウメには観賞を目的とした多数の栽培品種があったが、図中の八重咲き品を描いた一枝は、福岡侯で博物に関心の深かった黒田斉清(なりきよ)の所持していた一品だろうか。

　ウメの盆栽は多いが、シーボルトが紹介する傑作は、それぞれ高さ4cmほどしかない三段重ねの塗り箱のおのおのに、松、竹、梅の盆栽が入っていたものである。盆栽のなかでも信じがたいほどの超小型品だ。

　シーボルトは梅干も紹介しているが、塩漬けにベニシソの葉を混ぜ、紅く染めることも記述する。梅干の酸っぱくて苦い味は、ヨーロッパ人からするととうてい褒められたものではない、とシーボルトは書くが、この評価は今でもそう変ってはいまい。

PRUNUS Mume.

ウメ

LILIUM speciosum

12 カノユリ

12　カノコユリ　　ユリ科

Kanoko-juri
Lilium speciosum Thunb. *α. kaempferi* Siebold & Zucc.
[*Lilium speciosum* Thunb. f. *speciosum*]

　シーボルトは多数の植物をヨーロッパへ移出した。およそ1万年前に収束した氷河期に多くの自生種が絶滅したヨーロッパの植物相は貧弱だった。温帯に属しヨーロッパでも戸外で生育可能な日本の植物で、ヨーロッパの庭や園芸を豊かなものにしようとシーボルトは考えたのだ。
　シーボルトが日本から持ち帰った植物のうち、反響を呼んだ筆頭はユリだった。カノコユリは四国、九州に自生する。ケンペルもツュンベルクもカノコユリを目にしていた。ケンペルは「きらめく濃い赤色のいぼ状突起があり、ピンクを帯びて輝くばかりに白く、とてもすばらしく美しい花」と書き、ツュンベルクは'見栄えのする'を意味するラテン語 speciosum を学名の種小名に用いた。
　だが、ケンペルもツュンベルクも、生きたカノコユリをヨーロッパに持ち帰ることはできなかった。シーボルトはこれに成功した。その球根が、今はベルギーとなっているヘントの植物園で1832年に開花し、翌年に『ベルギー園芸』という雑誌に掲載された。美しさでこれに優るユリはないとの注釈付きだ。カノコユリの球根は200フランで販売された。おそらく同等の銀の重量に当たろう。

13　シロカノコユリ　　ユリ科

Tametomo-juri
Lilium speciosum Thunb. *β. tametomo* Siebold & Zucc.
[*Lilium speciosum* Thunb. f. *vestale* M. T. Mast.]

　シーボルトらはこのユリの学名を *tametomo* とした。覚書きを読むと「日本の高名な英雄の名に因んでつけられたタメトモ（為朝）という和名をそのまま使うことにした。為朝はこのユリを琉球から初めて持ち帰ったとされている」と命名の経緯を書いているが、そもそもシロカノコユリは、カノコユリの分布する九州で見出された白花品である。タメトモユリのほか、シラタマユリともいう。
　カノコユリは、1832年にイギリスに紹介され、センセーションを巻き起こした。当時の著名な植物学者が様々な雑誌で紹介し、その美しさの表現を競っている感がある。
　ロンドン大学教授のリンドレーは園芸界の大物でもあったが、ケンペルの書いたことを下敷きに、花弁は「ルビーやガーネットがついており、水晶のように輝いている」とその美しさを賞賛した。のちには別の雑誌で、「もし美しさにおいて最高のものがあるとすれば、それはまちがいなくこの花である」と表現をエスカレートさせている。
　いかに純白が売り物とはいえ、ルビーもガーネットも目立たないシロカノコユリの人気はいまひとつだったのだろう。その後の文献にタメトモの名が登場するのはまれである。

LILIUM speciosum var. II. LILIUM cordifolium.

13 シロカノコユリ

LILIUM cordifolium.

14 ウバユリ

14　ウバユリ　　ユリ科

Gawa-juri, Ubajuri
Lilium cordifolium Thunb.
[*Cardiocrinum cordatum* (Thunb.) Makino]

　ウバユリの名は、開花期に葉が枯れてなくなっていることを、歯（葉と同音）が欠けた姥に喩えたことによる。東北地方以南の本州、四国、九州に分布する。
　卵形で、網目状の葉脈をもち、基部が心臓形で、長い柄のついたウバユリの葉は、カノコユリやヤマユリなどの柄のない、披針形や線形の並行脈をもつ葉とは大きく異なる。そうしたユリでは開花期にも親鱗茎が残るが、ウバユリでは親鱗茎は消失し、その側面に子鱗茎をつくる。
　シーボルトとツッカリーニによるラテン語の記載は詳細を極める。シーボルトは覚書きでも、花の構造に差があればユリ属とは別属にするところだ、と述べている。ウバユリをユリ属としてよいかどうか、相当に検討がなされたのだろう。そしてユリ属に分類されると結論した。のちにユリ属（*Lilium*）から分離し、ウバユリ属（*Cardiocrinum*）を設立したのは、カノコユリを賞賛したリンドレーである。牧野富太郎はこの説に賛成しウバユリの学名を正した。
　シーボルトは覚書きで、ウバユリが千島列島にもあると書いているが、これはオオウバユリである。オオウバユリは東北地方北部から北海道にも産する。

15　マルキンカン　　　ミカン科

和名の記載なし
Citrus japonica Thunb.
[*Fortunella japonica* (Thunb.) Swingle]

　橙や紅黄色の柑橘の果実には、寒さも増す晩秋から冬にかけて何かほっとするものがある。シーボルトは真剣にその移入を検討したふしがある。
　キンカン（金柑）は中国南部からマレー半島にいたる地域に自生する。日本には古くに渡来し、果樹または観賞木として栽培された。中国南部では果実つきの盆栽が正月の飾りに欠かせない。
　キンカンはミカンの仲間に似るが、果実の室数が少ないことや葉脈が不明瞭な点が異なる。果実が楕円形になるナガキンカンや球形に近いマルキンカンなどがあるが、日本で普通にみるのはマルキンカンの方である。
　シーボルトの覚書きは、マルキンカンの木の特徴や開花・結実の時期、果実の調理法、栽培の適地などに触れる。その記述は百科事典のごとく詳しい。

CITRUS japonica.

15 マルキンカン

BENTHAMIA japonica.

16 ヤマボウシ

16　ヤマボウシ　　ミズキ科

Jama-boosi, Tsukubani
Benthamia japonica Siebold & Zucc.
[*Benthamidia japonica* (Siebold & Zucc.) H. Hara]

　花序とは、花をつける枝や、枝につく花の配列状態をいう言葉だが、一般には馴染みが薄い。ヤマボウシの花は小さく、多数が密集してつく。その花の集まり、すなわち花序の下方に４つの花びら状の葉がある。植物学では花や花序をその腋につける葉は、苞葉（または苞）というので、ヤマボウシの花びら状の葉は苞葉と呼ぶのが正確だ。
　北アメリカ原産で日本でも広く栽培されるハナミズキも、ヤマボウシと同様に４つの苞葉をもつが、その苞葉のかたちがヤマボウシとは異なっている。中国四川省原産で最近日本でもよくみかけるようになったハンカチノキも、ヤマボウシに似るが、２つの大きい苞葉をもつだけである。
　ヤマボウシのように苞葉が花びら状となり、昆虫などの動物を花へ誘引するのに役立っていると考えられる植物は、ミズバショウ、ドクダミなど、けっこう多い。
　シーボルトは覚書きで、ヤマボウシの語源を'山の帽子'としているが、実際は'山法師'に由来する。白い頭巾をかぶった比叡山の僧兵の姿が重なる。

17　サネカズラ　　マツブサ科

Binan-Kadsura, Sane-Kadsura
Kadsura japonica (L.) Dunal

　サネカズラの果実は秋に熟す。多数の小さな液果が頭
状（じょう）に集まり、つるからぶら下がっている。和名のサネは
果実のことである。
　シーボルトは覚書きで「枝と葉を煮ると一種ののりがえ
られ、……和紙をつくる時に用いる。また日本の婦人はこ
ののりを普通、美しい髪をすくのに多量に用いている」と
書いている。サネカズラにはビナンカズラの別名がある。
かつてその茎から採った液を整髪に用いたことによるとい
う。ビナン（美男）という名から、これは男性用だと理解
していたが、何も男性用とは限らなかったのかもしれない。
しかし、一体シーボルトはどこで女性が整髪にビナンカズ
ラを用いるのをみたのだろう。妻のタキだろうか。
　この図は、慶賀によると推定される原画を、大胆にデフ
ォルメしたものだ。そのため原画にあった絶妙なバランス
感覚は失われてしまったが、左側に開花期、右側に果実期
の枝を配した構図となり、植物画としてオーソドックスな
つくりとなった。花や果実や解剖図などで、細部の修正は
あまりなく、構図にのみ拘ったところが興味を引く。

KADSURA japonica.

17 サネカズラ

Tab. 16.

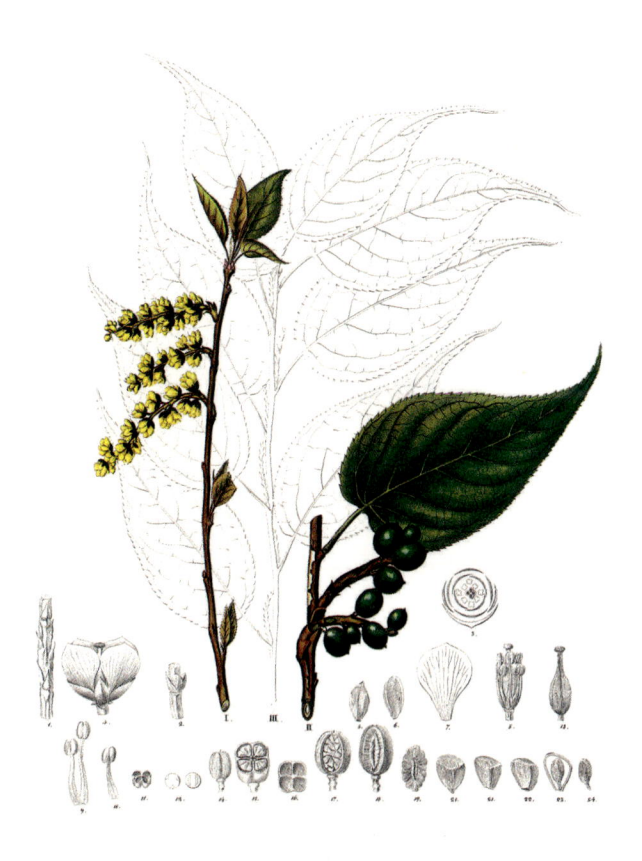

STACHYURUS praecox.

18 キブシ

051

18　キブシ　　キブシ科

Mame-fusi
Stachyurus praecox Siebold & Zucc.

　キブシはとても変った植物で、キブシを基準に設けられたキブシ属のみでひとつの科、キブシ科を構成する。今でも、調べた植物が新種と判ったときは、心が躍るものだが、他にまったく類似する植物とてない植物を手にした植物学者ツッカリーニの興奮は、いかばかりであったろう。彼は細大もらさず、すべてを記述しようと努めたのだろう。記載はたいへん長いものになってしまっている。

　早春、淡黄色の花が穂状についた花序が、まだ葉が開く前の枝から多数出て、下垂する。北海道西南部から九州、さらに小笠原諸島に分布する。地方変異もあり、山口県、四国南岸、九州本島から奄美大島・徳之島に生え葉が三角形状となる個体はナンバンキブシ、関東南部や東海地方、伊豆諸島に産し葉が厚く大きくなる個体はハチジョウキブシと呼ばれる。

　その後、ヒマラヤと中国西南部からもキブシ属の種が発見され、今ではキブシ属には7〜8種あることが判明した。その分布は植物相が同一の起原に由来すると推定される日華植物区系区の範囲に収まり、キブシ属はこの区系区を特徴づける要素のひとつになっている。

19　トサミズキ　　マンサク科

Awomomi, Tosa-midsuki
Corylopsis spicata Siebold & Zucc.

　シーボルトとツッカリーニが本書で記載したトサミズキ属は、キブシでふれた日華植物区系区に分布する。7種あり、日本には本種や次に取上げるヒュウガミズキのほか、コウヤミズキとキリシマミズキの4種が産する。シーボルトはトサミズキやヒュウガミズキをヨーロッパに移出しようと考え、試みたが失敗したと覚書きに書いている。しかし今日では、両種ともヨーロッパや北アメリカで観賞用によく栽培されているのを目にする。

　シーボルトは覚書きで、門弟の二宮敬作が、葉と果実のかたちでトサミズキやコウヤミズキとはっきり区別される種が九州の高山に野生しているのを発見した、と記している。これは霧島山に産するキリシマミズキのことだろう。シーボルトとツッカリーニはこれに *Corylopsis keisakii* の学名を用意したが、未発表に終った。幕末に、神奈川県浦賀にできた幕府の製鉄所に医師として赴任したサヴァチェは、後にフランスの植物学者フランシェと共著で『日本植物集覧』を刊行した。その中で多数の新植物が記載されたが、キリシマミズキもそれに含まれ、*Corylopsis glabrescens* と命名された。

CORYLOPSIS spicata.

19 トサミズキ

CORYLOPSIS pauciflora.

20 ヒュウガミズキ

20　ヒュウガミズキ　　マンサク科

和名の記載なし
Corylopsis pauciflora Siebold & Zucc.

　日本に産する4種のトサミズキ属植物は植物体に生える毛の有無や、花序の花数、葉や枝の大きさ、太さなどで区別される。
　トサミズキは花の萼(がく)や子房、果実、葉の下面脈上、葉柄に毛が密生し、そうした部分にまったく毛がない他のすべての種から区別される。
　無毛のヒュウガミズキ、キリシマミズキ、コウヤミズキのうち、ヒュウガミズキのみが花序につく花の数が1〜3花と少なく、枝も細く、葉も長さ3〜5cmと小ぶりである。キリシマミズキとコウヤミズキでは花序は5〜10花からなり、枝は太く、葉も長さ4〜10cmになる。キリシマミズキの雄しべの長さは花弁の半分位で、葉は卵円形、縁の鋸歯は先が芒(ぼうじょう)状で突出する。コウヤミズキは花弁とほぼ同長の雄しべをもち、葉は広卵形または広倒卵形で、鋸歯も低く、芒(のぎ)も短い。シーボルトとツッカリーニの目はこうしたトサミズキ属の2種、トサミズキとヒュウガミズキの特徴をあますところなく正確に伝えている。挿入された多数の解剖図は彼らの詳しい分析の産物といってよい。

21　ゴシュユ　　ミカン科

Kawa-hazikami, Habite-kobura
Boymia rutaecarpa A. Juss.
[*Tetradium ruticarpum* (A. Juss.) Hartley]

　中国原産で薬用に栽培される落葉高木。日本では雌株しか栽培されておらず、種子はできないが、地下茎を用いて繁殖する。葉は革質で、4〜5対の小葉からなる。小葉は楕円形で鋭先頭となり、全体に褐色の軟毛が密生する。花は図のように枝先に多数集まってつき、初夏に開く。全体に特異な香気がある。成熟した果実をゴシュユ（呉茱萸）と呼び、漢方では健胃利尿剤、入浴剤とする。
　シーボルトは覚書きで、ゴシュユが日本に渡来したのは千年以上前のことと書いている。詳しい覚書きの最後にシーボルトは薬効も記す。「ゴシュユの果実は漢方医が最も高く評価する薬のひとつに数えられる。生のものは嗅ぐと涙が出るほどひどくきつい不快な臭いがして、焼けるような嫌な味がする。成熟する少し前に摘み取ったものは、気つけ薬、下剤、発汗薬、通経剤として用いられる。新しい果実は味がきつ過ぎて不快なので、内服薬としては、数年間貯蔵しておいた果実を1/2スクルプルから1/2ドラクマ（0.59〜1.62g）の容量で煎じて服用する」等々。ここには医者としてのシーボルトの姿が浮かびあがる。

BOYMIA rutaecarpa.

21 ゴシュユ

PRUNUS tomentosa.

22 ユスラウメ

22　ユスラウメ　　バラ科

Jusura-mume
Prunus tomentosa Thunb.
[*Cerasus tomentosa* (Thunb.) Masam. & S. Suzuki]

　中国北部原産で、日本には江戸時代初期に渡来し、観賞用に栽培される。落葉低木で、高さは3mくらいになり、若い枝には毛が密生する。葉は倒卵形で、柄がある。花は開葉に先立って4月頃に咲き、前年の枝の葉腋（ようえき）から出る。花柄（かへい）はほとんどない。果実が熟するのは6月頃で、果皮は澄んだ紅色となり、表面には細かな毛が密生する。

　シーボルトは覚書きで「素晴らしい深紅の色合いで、ほどよい酸味がある。この果実は食べられるが、市ではまれにしかみかけない。しかし赤痢に効能があるというので大いに奨用される」と記し、その果実の色合いの美しさを賞賛する。

　ユスラウメに似ているが、花に柄があり、果実が無毛なのがニワウメ（196ページ参照）とニワザクラである。いずれも中国北部または中部が原産である。ニワウメの果実は上向きにつくが、ニワザクラは下垂する。ニワウメでは葉の基部が心臓形状であるのにたいして、ニワザクラの葉の基部は楔形（くさびがた）である。ニワウメはユスラウメ同様に果実を食用とするほか、薬用にも用いる。

23　エゴノキ　　エゴノキ科

Tsisjano-ki
Styrax japonicum Siebold & Zucc.
[*Styrax japonica* Siebold & Zucc.]

　北海道から沖縄にかけて全国に広く分布し、里山や低山などでよくみかける。朝鮮半島や中国にも産する。小さな落葉高木で高さ8mほどになる。花は初夏で、新しく伸長した枝の葉腋から出る花序につき、下を向いて咲く。花弁は5つで、基部で合着している。
　シーボルトはエゴノキを日本の低木中でもっとも美しいもののひとつとし、野生状態でみられるほか、かぐわしい香気を放つ白い花を愛でるため、寺や園遊地の周囲の森に植えられていると書いている。
　安息香は、東南アジアに産するエゴノキの仲間の樹幹を傷つけ、にじみ出る樹脂を集めたものである。なかでもジャワ、スマトラに産するアンソッコウノキ、学名 *Styrax benzoin* が名高い。当時重要な薬材であり様々な用途に用いられた。シーボルトとツッカリーニは、エゴノキの記載で、安息香成分の含有にはまったくふれていない。エゴノキの覚書きでのシーボルトには、薬効に関心を寄せる医者としてではなく、観賞価値を力説する園芸家の顔が覗いている。

STYRAX japonicum.

23 エゴノキ

SYMPLOCOS lucida

24 クロキ

24　クロキ　　ハイノキ科

Kuroki
Symplocos lucida Siebold & Zucc.

　関東地方南部から九州の吐噶喇列島にかけて分布し、主として海岸近くの照葉樹林に生える。花や果実がない季節には、同様な環境に生えるモチノキと混同することがあるくらい似てみえる。常緑の小さな高木で、高さは 7 m ほど。葉は質厚く、楕円形で、長さ 5 cm ほどになり、表面は光沢がある。花は春で、多数が葉腋に集まって咲く。花弁は白色で、基部で合着する。果実は長さ 1.3 cm くらいの楕円形で、黒色に熟す。

　クロキが分類されるハイノキ属は多様性に富み、世界の熱帯に 250 を超える種がある。日本には二十数種を産する。

　シーボルトは、クロキの生い茂った樹冠と常緑で黄色がかった緑色の光沢ある葉は、庭では素晴らしい効果を発揮すると書いている。鎮守の森や墓所によく植えられているのもそうした長所のためだという。また薪炭、とりわけ炭用に利用されていたことも見逃さずに書いているのはさすがであり、観察が細部に及んでいる。

25　ウド　　ウコギ科

Udo
Aralia edulis Siebold & Zucc.
[*Aralia cordata* Thunb.]

　シーボルトは覚書きで、日本のどこでも庭や畑でウドが栽培されていると書く。今でも山採りが好まれるウドが、江戸時代には畑で栽培されていたという記録は、もしそれが事実なら作物栽培史からは貴重な記録といえる。
　観賞や薬用上の重要な植物は中国産だと信じていたらしいシーボルトにとって、ウドもそう考えたくなるような重要な野菜であり、薬用植物であったのだろう。ウドへの入れ込みは、「この植物は日本のどこにでもよく繁殖しており、それからすればヨーロッパの庭にも十分馴化することであろう。ウドがヨーロッパでも栽培され、繊細で栄養のあるおいしい料理の一品となって、我々の植物性食品の数が増えることが望ましいと考える」と書かせしめたほどだ。
　図中の左側から右に伸びる花序をともなった１枝は、１ヶ所を除き慶賀の下絵を文字通り下敷きに描かれている。異なるのは花序を切り離してしまったことである。この措置で、花序がどこにつくのか判らなくなってしまい、せっかくの慶賀の正しい下絵が台無しになってしまった。残念なことである。

ARALIA edulis.

25 ウド

SCHIZOPHRAGMA hydrangeoides.

26 イワガラミ

26　イワガラミ　　アジサイ科

Tsuru-demari
Schizophragma hydrangeoides Siebold & Zucc.

　シーボルトの覚書きから紹介しよう。
　「この植物の野生しているところは本州の高い山地である。河川上流の谷間にあって、アジサイ属（ことにガクウツギ）、タニウツギ属、ツツジ属、ドウダンツツジ属といったいろいろな種とともに生えている。……対生し基部が心形の葉は4月頃に出る。7月になると、多数の緑白色の小さな花が、枝の先のよく分枝した集散花序につく。花序の主な装飾は、花序の枝の先端にある純白で卵形の小葉である。ツルデマリやアジサイ属の種では、この小葉は萼が奇形的に大きくなり花弁状になったもので、そういう萼をもつ花は結実はしない。
　この低木は庭木としてたいへん愛好されている。挿し木と取り木で容易に殖やすことができる。栽培によってできた一変種では、赤みがかった色合いの花弁状の小葉がみられる」。
　ここで小葉といっているのは、装飾花の花弁状になった萼片のことである。装飾花が1つの萼片からなることなどを特徴として、シーボルトとツッカリーニが設立したイワガラミ属も、日華植物区系区に固有な属である。

27　バイカアマチャ　　アジサイ科

Bai kwa ama tsja
Platycrater arguta Siebold & Zucc.

　シーボルトとツッカリーニが本書で発表したバイカアマチャ属は、バイカアマチャだけを含み、日華植物区系区の固有属である。小形のアジサイのようにみえるが、装飾花の花弁状の萼片が合着して楯状となる特徴をもつ。しかも花は4数性で、萼裂片も花弁も4つである。本州の紀伊半島、中国地方、四国、九州に分布し、中国にも産する。

　シーボルトのバイカアマチャついての覚書きは長い。しかし、多くの見聞による記述には首を傾げる部分も少なくない。友人として宇田川蓉菴が登場するが、彼はこの植物が本州北部の山地でもみられるといったようだ。本州北部とはどこのことかは問題だが、江戸からみても西の紀伊半島がこの植物の北限であり、これは誤りだろう。

　図は構図を慶賀の下絵によっているが、葉や花はつき方や大きさの順を変えている。こうした修正を行った理由のひとつは、慶賀の下絵での葉の重なり、花を描く目の位置にたいしての違和感であろう。単に写生だけでは植物画にはならないが、下絵を異なる目の位置から描き直すことは無理というものである。慶賀の下絵にあった自然らしさが失われてしまっている。

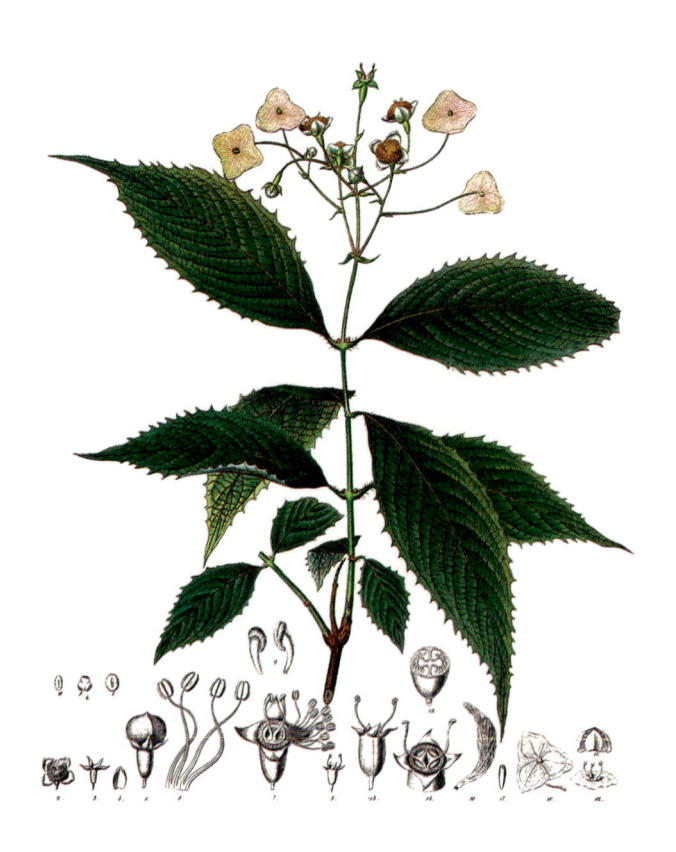

PLATYCRATER arguta.

27 バイカアマチャ

ROSA rugosa.

28 ハマナス

28　ハマナス　　バラ科

Hamma nasi
Rosa rugosa Thunb.

　ハマナスは、現代のバラ園芸に重要な貢献をした野生種のひとつに数えられる。太平洋側は銚子、日本海側は鳥取より北の本州、北海道に自生し、東北アジア、樺太、千島などにも分布する。海岸近くの原野に生える。

　図には不自然な部分が少なくない。慶賀の下絵を下敷きとしているが、じつに大きな改変がなされている。下絵は、6つの葉が描かれた枝の頂に1つの花が描かれたもので、それとは別に真上からみた花の写生図、萼、雄しべの付図がある。慶賀の目線は花と同じ水準にあるため、花は真横から描かれている。しかもその花は花弁が急な角度で斜上していて、完全には開花していないようにもみえる。

　慶賀の下絵は実にハマナスらしい見事な植物画と私には考えられるが、当時のヨーロッパでのバラのイメージにはそぐわなかったのだろう。下絵の1枝を左右にだぶらせ2枝とし、ほぼ倍の12葉を描き、花も2つとした。しかも花は慶賀が本体とは別に描いた真上からの写生図を用いたのだ。バラらしくなったとはいえる。しかしそれはハマナスのイメージからは遠のいた（巻末の解説参照）。

29　タニウツギ　　スイカズラ科

Beni saki utsugi
Diervilla hortensis Siebold & Zucc. var. *rubra*
[*Weigela hortensis* (Siebold & Zucc.) K. Koch]
f. *hortensis*

　落葉性の低木または小高木で、高さはふつう2mほどになる。花は5、6月で、明るいピンク色の花冠をもち、外面は内面よりも色濃く、つぼみのときは紅色が強い。

　タニウツギの仲間の種は微細な特徴でのみ区別されるが、地理分布が異なる。タニウツギは日本海型気候が卓越する北海道の西半分から東北、北陸、山陰地方に分布し、残雪が遅くまで残る山の斜面や湿地などにも生える。次に描かれるシロバナウツギは純白の花が人目を引き、観賞用に栽培される。

　タニウツギ、シロバナウツギとも図は平面的なうえ、不自然な部分も目立つ。これらにはしかるべき慶賀の下絵がみつかっていない。おそらく標本から描かれたものであろう。

　シーボルトは本種にベニザキウツギ、シロバナウツギにシロザキウツギの和名を採っていて、タニウツギの和名を現在のツクシヤブウツギに用いている。植物についての古い文献を読む際には、常に同名異物の可能性に注意しなくてはならないが、見逃す誤りも多いのである。

DIERVILLA hortensis.

29 タニウツギ

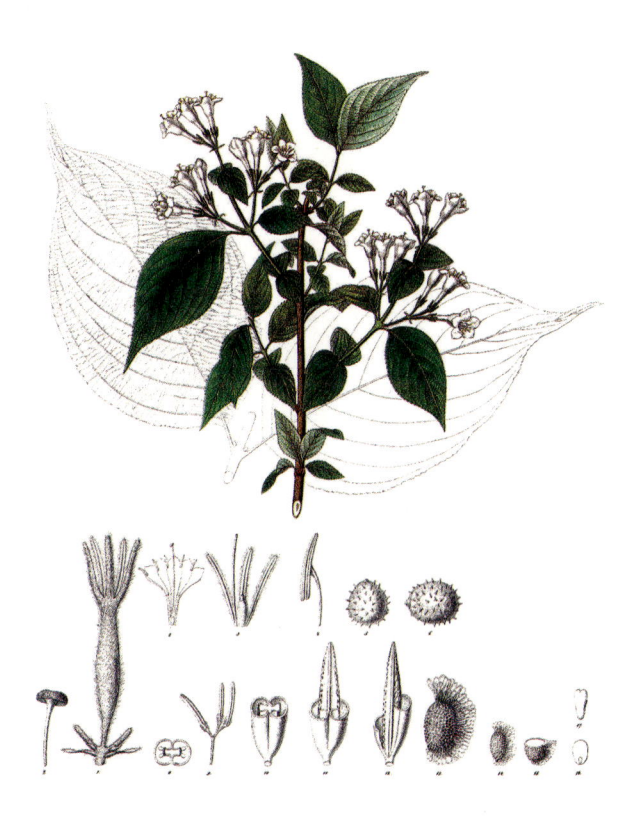

DIERVILLA hortensis var.

30 シロバナウツギ

30　シロバナウツギ　　スイカズラ科

Siro saki utsugi
Diervilla hortensis Siebold & Zucc. var. *albiflora* Siebold & Zucc.
[*Weigela hortensis* (Siebold & Zucc.) K. Koch
f. *albiflora* (Siebold & Zucc.) Rehder]

　図版29タニウツギから33ツクシヤブウツギまでは、スイカズラ科タニウツギ属に分類される近縁な4種1品種を扱っている。タニウツギ属の種の区別はそう簡単なものではない。十分に比較検討がなされたことだろう。
　この仲間の植物は、北アメリカに分布するディエルヴィラ属（*Diervilla*）の植物に近縁である。1780年にツュンベルクは、タニウツギの仲間を、新しく立てたタニウツギ属（*Weigela*）に分類した。タニウツギ属では花は前年枝に側生する短い枝につき、花冠は整形で、唇状にならないが、ディエルヴィラ属では花は当年枝の末端につき、花冠は先が2裂して、唇状になる、というちがいがある。この相違が属を分けるほど大きなものなのかどうかは、評価の分かれるところである。シーボルトとツッカリーニは両者を合一する見解を述べたのである。
　シーボルトらがここで取上げた種はすべて、タニウツギ属中のタニウツギ節に分類されるものだ。節とは属の下位区分で、同じ属中にあってさらに近縁な種から構成される。タニウツギは子房（萼筒）には毛が生えず、花冠もほぼ無毛だが、葉は少なくとも裏面脈上だけには毛が密生する。

31　ハコネウツギ　　スイカズラ科

Hakone utsugi
Diervilla grandiflora Siebold & Zucc.
［*Weigela coraeensis* Thunb.］

　シーボルトは江戸参府の途上、開花中のハコネウツギに出会うことができたのだろう。覚書きを引用してみよう。
　「本種はその名を箱根山によっている。箱根の海抜2000〜3000フィート（650〜975 m）の高さのところで、他の低木と混じることなく谷全体を埋め尽くすように生えている。箱根以外の本州の山地でも頻繁にみかける植物である。日本の植物学者、宇田川蓉菴は、名高い火山である富士山の斜面でも本種を観察している。都（京都）や九州ではもっとまれになる。この低木は高さ3〜5フィート（0.98〜1.6 m）になり、5月に花をつける。他の種と容易に区別することができるのは、花が多くて大きいこと、および毛でおおわれた柄をもつ鮮緑色の大きな滑らかな葉によってである。花の色合いは、ケンペルがいったように、開花前は緑色でやがて薔薇色になり、しぼむ前の最後に洋紅色に変化する。とはいうものの、この低木を庭先でみかけたり、栽培されているところをみたりすることはまれである。本種からなる生垣や茂みが人家の小さな庭を彩っているのに出会えるのも山地に限られている」。
　花色の変化を正確にとらえていることに感心する。

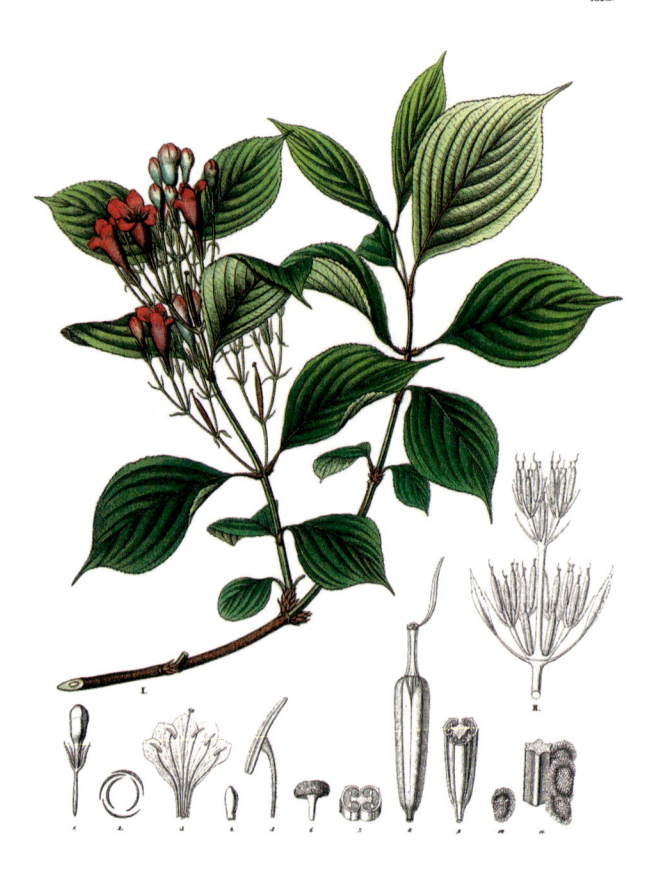

DIERVILLA grandiflora.

31 ハコネウツギ

DIERVILLA floribunda.

32 ヤブウツギ

32 ヤブウツギ　　スイカズラ科

Mumesaki utsugi
Diervilla floribunda Siebold & Zucc.
[*Weigela floribunda* (Siebold & Zucc.) K. Koch]

　本州太平洋側の東京以西から山口県までと、四国に分布する。本書では取上げられなかったニシキウツギと分布が接する、富士山および東海地方、紀伊半島、四国では、ヤブウツギとニシキウツギのいろいろな段階の中間的な形態を有する個体がみられ、サンシキウツギ、フジサンシキウツギなどと呼ばれることがある。

　シーボルトは覚書きで、日本の植物学者たちはヤブウツギとツクシヤブウツギをはっきり区別しているが、これはきわめて近縁な植物であると書いている。ヤブウツギはシーボルトとツッカリーニによって、本書で新種として命名されたのである。ツクシヤブウツギでは、葉柄(ようへい)の長さは約1〜2cmになり、茎や葉、子房や花冠に生える毛は開出せず伏した状態だが、ヤブウツギの葉柄長は5mm以下と短く、毛は開出する。またヤブウツギは花は開いたときから濃い紅紫色をしているが、ツクシヤブウツギでは開花当初は淡く白っぽい。

33 ツクシヤブウツギ　　スイカズラ科

Tani utsugi
Diervilla japonica (Thunb.) DC.
[*Weigela japonica* Thunb.]

　九州の山地に自生する。毛が多く、どの部位でも開出せず伏している。シーボルトの覚書きを引用しよう。
　「この種は高地の谷間に生え、高さ6〜8フィート（2〜2.6 m）になる。その姿かたちはヨーロッパのミズキ属の種を想わせる。これが庭での観賞用に貴重であるのは、5月の開花期を通じ、時とともに花色をさまざまに変化させるからで、その変化の度合いは我々が記載したハコネウツギよりも一層顕著である。寺院を含む庭でしばしば栽培され、我々は都から江戸へ向かう道中、この種を用いた生垣をみかけたが、それは特段美しい効果をあげていた。自生地が高地であるにもかかわらず、海抜2フィート（65 cm）そこそこの出島の植物園でも遜色なくよく育ち、この属の他の植物と同様、挿し木や取り木で容易に殖やすことができた。日本では医者がこの植物を有毒植物のひとつに数えているが、これはおそらくヨーロッパのスイカズラの類ももっている催吐性の特性によるものであろう」。
　タニウツギの仲間の種の区別は容易ではない。九州以外でシーボルトが目にしたものは、ニシキウツギなど他のタニウツギ属の種だったと思われる。

DIERVILLA versicolor. II D. hortensis.

33 ツクシヤブウツギ

ABELIA serrata. II. A. spathulata.

34 コツクバネウツギ

34　コツクバネウツギ　　スイカズラ科

Kotsukubane, Tsukubane Utsugi
Abelia serrata Siebold & Zucc.

　コツクバネウツギを含むツクバネウツギ属（*Abelia*）は約15種あり、東アジアとメキシコに隔離して分布する。ツクバネの名は果実の先端に残存する萼片が羽根突きの'つくばね'に似ていることによる。前出のタニウツギ属とともにスイカズラ科に分類される。
　コツクバネウツギは本州と四国に自生し、変異の大きいツクバネウツギに似るが、萼片はふつう2つまたは3つで、花は共通花柄に2つのこともあるが、3つから6つが集まってつくこともある。オニツクバネウツギもこれらの特徴を共有するが、萼片に長さ1mmに達する開出毛があり、無毛かもしくは短い伏した毛しかないコツクバネウツギと区別される。一方、ツクバネウツギの萼片はふつう5つで、共通花柄には2つ、多くても3または4花つくだけである。
　なお、図中の右下Ⅱとして描かれているのは、そのツクバネウツギ（*Abelia spathulata* Siebold & Zucc.）である。

35 ツワブキ　　キク科

Tsuwa buki
Ligularia kaempferi Siebold & Zucc.
[*Farfugium japonicum* (L. f.) Kitam. f. *japonicum*]

　庭などにも植えられる馴染みの深い草本である。晩秋に黄金色の鮮やかな頭花が開く。光沢のある深い緑の葉との対比が人目を引く。
　図は光沢のあるツワブキの葉や、3つの開花中の頭花をもつ花茎のさまをよく表している。長い柄をもつ葉と花茎そのものは慶賀の下絵をほぼ忠実に模したもので、自然な様相は慶賀によっているといってよい。慶賀の下絵は2つの葉と花茎をばらばらに描いたもので、葉や花茎がどのようにつながっているのかは示されていない。2つの葉をつなげ、かつ葉の基部に得体のしれない褐色をした構造物を加えたのは、版下を描いたミンジンガーであろう。
　ツワブキが絵画や漆器類に晩秋のシンボルとして描かれる、という覚書きでの指摘は、7年も日本で暮らしたシーボルトでなければ書けなかったことだろう。

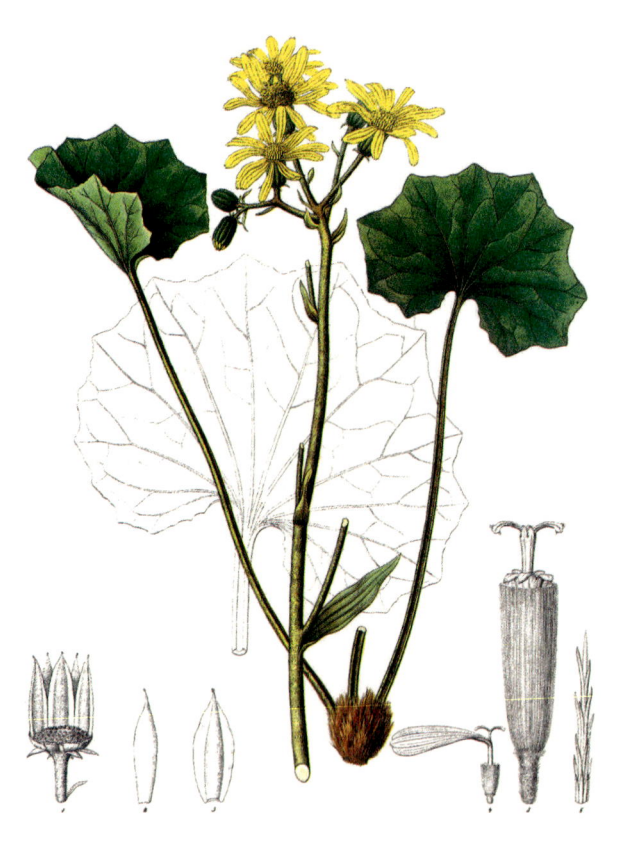

LIGULARIA Kaempferi.

35 ツワブキ

LIGULARIA gigantea.

36 オオツワブキ

36　オオツワブキ　　キク科

Oho Tsuwa buki, Ohonoha Tsuwa buki
Ligularia gigantea Siebold & Zucc.
[*Farfugium japonicum*（L. f.）Kitam.
f. *giganteum*（Siebold & Zucc.）Kitam.]

　葉が大形になるツワブキの品種である。長崎県女島など、九州の海岸地方に自生し、そこから観賞用に移出され暖地で栽培された。

　覚書きからは、シーボルトがオオツワブキを、葉が大形になるフキの変種アキタブキと混同していたことが判る。

　「本州の北緯40度あたりに位置する出羽国に自生する植物で、その根生葉は6〜15フィート（2〜4.9 m）という異常な高さに達する。尾張の学識深い植物学者である伊藤圭介は、1枚の葉がその最も幅の広いところで5フィート（1.6 m）にも達する例があることを我々に教えてくれた。またこれまでも何度か名前を出した博物学者の宇田川蓉菴からも、同じような例を聞くことができた。要するに、江戸の絵師北斎が自然の中の異様な物を描いた画帳の表紙を飾っている絵は、誇張ではなかったように思われる。この表紙の絵には、オオツワブキの茂みが描かれているが、葉はどれも高さ12フィート（3.9 m）ほどの根生葉で、その下で農夫が数人、雨宿りをしている構図である」。

　ライデンの国立植物学博物館や同民族学博物館には、シーボルトがあげた圭介と蓉菴、北斎らの資料が残る。

37　オオデマリ　　レンプクソウ科

Satsuma Temari
Viburnum plicatum Thunb.
[*Viburnum plicatum* Thunb. f. *plicatum*]

　スイカズラ科ヤブデマリ属の木本で、ヤブデマリから派生した品種である。観賞用に庭園などで栽培される。
　オオデマリはちょっとアジサイに似た球状の花序をつくる。ヤブデマリではガクアジサイのように花序の周囲だけを装飾花が取り囲んでいるが、オオデマリは花序のほとんどが装飾花に変じたものである。アジサイの装飾花では大形化して花弁状になるのは萼裂片だが、オオデマリのそれは花弁が変形したものである。アジサイでは装飾花の中心に本来の花弁や雌雄蕊があり、目と呼ばれるが、オオデマリにはそれがない。

VIBURNUM plicatum

37 オオデマリ

VIBURNUM tomentosum.

38 ヤブデマリ

38　ヤブデマリ　　　レンプクソウ科

Murikari, Gabe
Viburnum tomentosum Thunb.
$\left[\begin{array}{l}\textit{Viburnum plicatum} \text{ Thunb.} \\ \text{f. } \textit{tomentosum}\text{ (Thunb.) Rehder}\end{array}\right]$

　花序の周縁にのみ装飾花をもつ。本州、四国、九州に分布する。ヤブデマリは、葉は長さ5〜8cmになり、先は円形または浅い凹形になるが、ときに葉が小ぶりで、長さは3〜5cmしかなく、先が鋭形また鈍形になるものがあって、これをコヤブデマリという。『日本植物誌』に描かれたものは、葉の先が鈍形に近づくものの、ヤブデマリである。5月頃、枝いっぱいに純白の花からなる大きな花序を生じ、人目を引くが、庭園などで栽培されることは少ない。

39　ヤマグルマ　　ヤマグルマ科

Jama Kuruma
Trochodendron aralioides Siebold & Zucc.

　ヤマグルマは特異な樹木で、単独でヤマグルマ属に分類される。新属新種として本書で発表された。特徴を記した長文の記載に加えて、図解も2図に及んでいるのは、ヤマグルマの植物学上の特異性によっている。ヤマグルマ属も日華植物区系区に固有で、ヤマグルマは山形県・福島県以南に自生し、済州島と台湾にも分布する。
　幹や枝の通道組織は、被子植物にふつうな道管ではなく、仮道管からなる。仮道管は針葉樹などの裸子植物の通道組織を構成しているものである。
　シーボルトとツッカリーニは、ヤマグルマを主に南半球に分布するシキミモドキ科に分類したが、一方で彼ら自身も、ヤマグルマが同科の他種とは大きく異なる特徴をもつことに気づいていた。およそ50年後の1888年に、ドイツの植物学者アイヒラーは、ヤマグルマ属だけを含むヤマグルマ科の設立を発表し、やがてそれが定説となり、ヤマグルマはヤマグルマ科に分類されることになった。

　　　　　　　　　　　　　96ページにつづく⇨

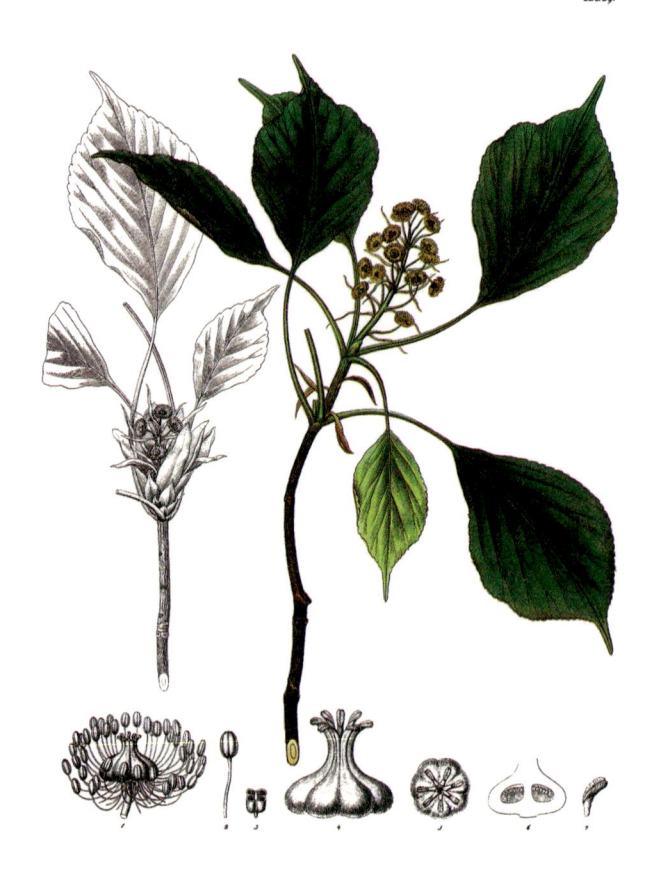

TROCHODENDRON aralioides.

39 ヤマグルマ

TROCHODENDRON araloides.

40 ヤマグルマ

40 ヤマグルマ

　シーボルトは覚書きで、ヤマグルマという和名について、「この植物の花は萼も花冠もなく、小さな車輪のようなかたちをしており、枝の先端に同じように車輪のかたちをして密生した葉がみられるからである」として、日本人のこの植物の命名にいたく感心している。

　図版39と40は、それぞれ開花期と果実期の個体と理解してよいと思われるが、それにしてもよく類似した個体が描かれている。それらに対応する川原慶賀の下絵は現存しない。おそらく両者は肥後（熊本県）で採集されたシーボルト標本や、長崎やその近郊で採集されたであろうビュルガー標本などにもとづくものであろう。とくにビュルガーが採集した標本は花や果実をともなっており、図版化や記載に重んじられたものと考えられる。特徴を綴ったシーボルトのメモも貼られていて、帰国後もシーボルトが日本植物を研究したことをうかがわせる。

41　ノヒメユリ　　ユリ科

Fime juri, Joma juri
Lilium callosum Siebold & Zucc.

　シベリア東部のアムール川流域、朝鮮半島、中国、台湾に分布し、日本では九州と南西諸島に自生する。花は8月に下を向いて咲くが、香りはない。シーボルトの覚書きは、実際に野外でノヒメユリを観察したことの実感が伝わってくるものである。その一部を引用しよう。

　「日本のあまり植林されていない山地、それも特に海抜500〜2000フィート（163〜650 m）の火山性土壌の斜面に生えている。普通はクズ、サルトリイバラ、さらには各種のヤマトラノオ、ハギ、ウンヌケ、メガルカヤや他の山地生のイネ科植物と一緒に生えているのがみられる。野生状態ではひょろ長く伸びるが、高さはせいぜい2〜3フィート（65〜98 cm）である。反対に、他のユリ類と一緒に庭で栽培されたものは、もっと丈夫で丈も高くなる。花が咲くのは7月から9月にかけてである。秋には、やはり日本に自生するオニユリと同じように、球根を採って茹でたり焼いたりして食べる。こうした球根は栄養があり、でん粉質で甘く美味である。また、砂糖漬けにし、利尿や慢性の咳にはこれを溶かして用いる。一般に栄養摂取の面からみたユリの効用はもっと注目されてしかるべきであろう」。

LILIUM callosum.

41 ノヒメユリ

ARONIA *asiatica.*

42 ザイフリボク

42　ザイフリボク　　バラ科

Zaifuri, Zaifuribok
Aronia asiatica Siebold & Zucc.
[*Amelanchier asiatica* (Siebold & Zucc.) Endl. ex Walp.]

　ザイフリボクの仲間は30種ほどあり、ユーラシアと北アメリカに分布するが、多くの種は北アメリカに産する。ヨーロッパには1種が自生するだけである。ザイフリボクは日本、朝鮮半島、中国に分布し、日本では岩手県以南の山地に生える。観賞のために栽培されることもある。和名は采振木の意味で、多数の花をつけた花序の様子を、昔武将が部下の兵を指揮するときに用いた、はたきに似た武具の'采配'になぞられたものである。

　シーボルトは覚書きで、ザイフリボクが観賞用に中国から渡来したと書いている。それから判断するに、自生状態で生える木は目にできなかったものと思われる。長崎周辺ではきわめてまれな木でめったには出会えないが、江戸参府の途上に出会う機会はなかったものか。花は晩春である。

43　ナツフジ　　マメ科

Ko-fudsi, Saru-fudsi
Wisteria japonica Siebold & Zucc.
[*Millettia japonica* (Siebold & Zucc.) A. Gray]

　フジの和名をもつが、いわゆるフジとは別の属（ナツフジ属）に分類される。果実のかたちもフジやヤマフジとは異なるが、大きなちがいは花にある。それはヤマフジのところで書くことにしよう。
　シーボルトの覚書きは、長い滞在で日本情緒にも親しみを覚えたのだろうか、と思いたくなるものだ。すべてを引用してみたい。
　「このつる植物は普通、藪の中とか生垣とかに生えるが、庭で栽培されることもある。近くの低木や高木に巻きつき、分枝して密生した枝によって木々の一部を被ってしまう。7、8月の開花期には、木々の梢から垂れ下がった総状花序は素晴らしい眺めで、このフジに被われた低木に野趣豊かな美しさを添える。日本ではこうした野趣豊かな美しさが珍重され、文化的な手が加えられていない自然の豊かさを、庭にそのまま移すことが好まれるのである」。

WISTERIA japonica.

43 ナツフジ

WISTERIA chinensis

44 フジ

44　フジ　　マメ科

Fudsi（紫花品は Beni-fudsi, 白花品は Siro-fudsi）
Wisteria sinensis DC.
[*Wisteria floribunda*（Willd.）DC.]

　日本を代表する観賞用の植物である。つる性の木本で、本州、四国、九州に分布し、低山地から平地にいたる林縁や崖地などに生える。庭園などで栽培され、東京の亀戸天神など、各地にフジの名所がある。

　シーボルトは、他の観賞価値の高い植物と同じように、フジも「シナから移入され、またそこから庭園に移植されたことはまったく疑いのないところである。シナ北部の庭園でこれが栽培されているのを目にしたブンゲ氏は、我々にその標本を送ってくれた」と書いている。中国にはヤマフジによく似たシナフジ（*Wisteria sinensis* Sweet）が自生し、日本でも栽培されているのをみる。ブンゲがみたのはシナフジである。シナフジの成葉は無毛で、7〜13個の小葉をもち、果実は 10〜15 cm、花序は長さ 25 cm にもなる。ヤマフジは小葉数では差がないが、成葉でも褐色の伏した毛が残り、果実長は 5〜10 cm、野生株の花序は 10〜20 cm 長だ。一方、フジは葉は無毛だが、小葉数は 15〜19 と多く、果実はシナフジと同じく長さ 10〜15 cm になる。

　図中左下にある果実はヤマフジのものである。慶賀の下絵では正しくヤマフジの図に描かれている。

45　ヤマフジ　　マメ科

Jamma fudsi
Wisteria brachybotrys Siebold & Zucc.

　図中には、無着色の花の解剖図が加えられている。マメ科の多くがこのヤマフジの花のような蝶形花冠をもつ。花冠は5つの花弁からなり、そのうちの1つは上方につき、旗弁(きべん)という。旗弁は花を訪問する昆虫の目印になるだけでなく、昆虫が花に足をかけたり、口吻(こうふん)を差し込む位置を定める役割をはたす。下方には2組4弁があり、雌雄蕊を挟んで1組ずつ左右に配置する。外側の花弁を翼弁(よくべん)といい、そこに昆虫は足をかける。翼弁の内側にあるのが竜骨弁(りゅうこつべん)で、下方がくっついて舟の竜骨のようになり、雌雄蕊を包み込んでいる。昆虫が翼弁に足をおくと、連動する竜骨弁は下方に押し下げられ、内部にあった雌雄蕊の束がむき出しになり、昆虫の腹部に接触する。そのときに昆虫が運んできた花粉は雌しべの柱頭に取り付き、またこの花の花粉は昆虫の腹部に取り付いて他の花へと運ばれていく。

　フジとヤマフジでは旗弁の基部に突起があり、訪花昆虫が口吻を差し込む位置を決めるのに役立っている。一方、ナツフジの旗弁の基部はのっぺりしていて突起が存在しない。この点がフジやヤマフジが分類されるフジ属と、ナツフジ属との大きなちがいになっている。

WISTERIA brachybotrys.

45 ヤマフジ

STYRAX Obassia.

46 ハクウンボク

46　ハクウンボク　　エゴノキ科

Obassia (Oho-ba zisja), Hak un bok, Tu Zisja no ki
Styrax obassia Siebold & Zucc.

　ハクウンボクの名は、枝先から下垂する長大な白色の花序を白い雲に見立てての命名といわれているが、真偽のほどは判らない。北海道から九州にいたる広い範囲に分布し、朝鮮半島や中国にも産する。山地に生える落葉小高木で、材はろくろ細工や刳り物などに利用され、種子に含まれる油脂はろうそくに加工された。
　生物の学術上の名称である学名は、ラテン語の文法にしたがい、学名に用いる語もラテン語や、ラテン語が多くを借用したギリシア語が多いが、世界各地の固有名や地名、人名などから採られた名も少なくはない。
　本種にシーボルトとツッカリーニは *obassia* なる種小名を与えた。これはラテン語にはない言葉であり、何語の言葉なのか語だけからでは判りにくい。シーボルトらはこの植物の和名として、Obassia (Oho-ba zisja)、Hak un bok、Tu Zisja no ki の 3 つあげていて、*obassia* の語が和名によるものであり、しかもそれがオオバヂシャに由来するものであることを明示している。チシャとはエゴノキの別名で、エゴノキはチシャノキとも呼ばれていた。

47 アサガラ　　エゴノキ科

和名の記載なし
Pterostyrax corymbosa Siebold & Zucc.

　アサガラはアメリカアサガラ属（*Halesia*）に近縁な落葉小高木で、シーボルトとツッカリーニは本種にもとづいてアサガラ属を設立した。現在ではミャンマーから日本にかけて4種あることが判明している。花はエゴノキやハクウンボクとは異なり、さらに枝分かれした複総状花序につく。
　アサガラの発見にはシーボルトの高弟で、シーボルトの医学校鳴滝塾の塾頭を務め、若くして亡くなった美馬順三が貢献した。シーボルトは覚書きで、以下のように書いている。
　「我々はこの新種の植物の発見を、日本人医師の美馬順三に負うものである。美馬は、優れた才能に恵まれ、とりわけヨーロッパ伝来の諸学問に熱心に取り組んだ若者である。彼は、我々のこの植物誌（本書『日本植物誌』のことである）をいくつかの新種で豊かにすることになった植物採集行で、この植物を肥後地方の山中から初めて持ち帰ったのである。しかし、残念なことにこの立派な青年は1825年にコレラに罹って他界してしまった」。
　淡々とした表現ながらシーボルトの心からの哀悼の気持ちが伝わってくる。

PTEROSTYRAX corijmbosum.

47 アサガラ

LYCHNIS grandiflora.

48 ガンピ

48 ガンピ　　ナデシコ科

Ganpi
Lychnis grandiflora Jacq.
[*Silene sinensis* (Lour.) H. Ohashi & H. Nakai]

　ナデシコ科にはマツモトやエビセンノウなど、観賞価値の高い花をもつ野生種が数多くあり、それに中国から移入された種が加わり、江戸時代の日本では重要な園芸植物の一群となっていた。

　ガンピは中国原産で、江戸時代は外来の園芸植物として人気が高かった。人気の一端は自生の日本産植物にはみられない鮮やかな朱紅色の花色にあった。

　シーボルトは覚書きで、ガンピがすでにヨーロッパにも伝わっていると記している。こうした色鮮やかな野生植物への人気は異常に高かった。まだ今日のように様々な園芸技術を用いて自在に新しい栽培品種を作出できる時代ではなかった。そのため、観賞価値の高い魅力ある植物の発掘は、専ら野生種に探索の目が向けられていたのである。多くのプラントハンターが活躍したのもこの時代であり、鎖国が解除された幕末には日本にもイギリスのフォーチュンなどのハンターが訪れている。

49　センノウ　　ナデシコ科

Senno
Lychnis senno Siebold & Zucc.
[*Silene senno* (Siebold & Zucc.) S. Akiyama]

　室町時代にできた辞書『下学集』(1444 年) に登場する仙翁花がセンノウとすれば、センノウは古くから観賞に供されてきた。センノウの名は山城国（京都府）嵯峨の仙翁寺に由来するとされるが、その寺はすでに江戸時代に所在不明であり、古くに廃寺になったといわれていた。日本では野生株は見つかっておらず、古くに中国から渡来した可能性もあるが、まだはっきりしない。

　出島の三賢人はいずれもセンノウについての記述を残している。ケンペルはセンノウを「仙翁、Senno」と記し、「ヨーロッパ原産のスイセンノウ（酔仙翁）のような花冠をもち、萼と葉に毛が密生し、花は淡い葡萄酒色で、先端はスミレ色に染まり、花弁は先が細裂する」とその特徴を正確に記述した。一方ツュンベルクはセンノウを北アメリカ産の *Lychnis chalcedonica* と同一とする見解を述べた。シーボルトとツッカリーニは、ツュンベルクの見解を誤りと考え、中国産の *Lychnis fulgens* に近い新種として *Lychnis senno* と命名した。センノウやガンピなどはこれまで *Lychnis* という属に分類されていたが、最近はマンテマ属（*Silene*）に合一する見解が支持されている。

LYCHNIS Senno.

49 センノウ

CORNUS officinalis.

50 サンシュユ

50　サンシュユ　　ミズキ科

和名の記載なし
Cornus officinalis Siebold & Zucc.

　朝鮮半島原産で、江戸時代中期に薬用植物として渡来した。花は3月頃、開葉に先立って開く。果実は5月には鮮紅色に熟す。シーボルトとツッカリーニは、サンシュユを、西アジアからヨーロッパに分布するセイヨウサンシュユ（*Cornus mas*）とは別の植物であると断定するのに苦労した。両種のちがいをシーボルトは覚書きに綴っている。
　「セイヨウサンシュユはヨーロッパで広く庭園などで観賞用に栽培されるのをみるが、サンシュユには出会ったことはない。サンシュユもセイヨウサンシュユもともに黄色の花をもち、鮮紅色の果実を結ぶ。しかし、サンシュユの葉はふつう5〜7対の側脈をもち、裏面に伏毛が密生し、脈腋には褐色の立毛が密生するが、セイヨウサンシュユでは側脈は3〜5対で、伏毛はあるものの脈腋に褐色の立毛はない」。

51　ガクアジサイ　　アジサイ科

Azisai
Hydrangea azisai Siebold
[*Hydrangea macrophylla* (Thunb.) Ser.
f. *normalis* (E. H. Wilson) H. Hara]

　ガクアジサイは日本特産種で、三浦半島、伊豆半島、伊豆諸島、硫黄列島と、比較的狭い範囲に自生する。ヤマアジサイやエゾアジサイに酷似するが、葉の表面に光沢があり、両面とも無毛である。ヤマアジサイとエゾアジサイの葉は光沢がなく、毛が散生する。シーボルトとツッカリーニの本種の記載でも、'Folia . . . utrinque glabra（「葉は両面無毛」の意味）' と正確に記されている。

　ガクアジサイでは装飾花は花序の周縁だけにあるが、花序のほぼ全花が装飾花となったものがアジサイだ。しかるにシーボルトらは、今日のガクアジサイをアジサイとし、その名を学名 *Hydrangea azisai* の種小名にも用いた。

　当時は、今日のガクアジサイをアジサイと呼んでいたのか。ガクアジサイもアジサイと同一視されていたのか。あるいは今日とは異なるアジサイの分類法があったのか。はたまたそれは単なる誤りだったのか。図版53のベニガクにはガクソウの和名が与えられているから、ガクあるいはガクアジサイの名も当時用いられていたことが判る。したがってアジサイの名のもとに今日のガクアジサイも含まれていたという説は当たらない、と思われるのだが。

HYDRANGEA Azisai.

51 ガクアジサイ

HYDRANGEA Otaksa.

52 アジサイ

52　アジサイ（'オタクサアジサイ'）　　アジサイ科

Otaksa
Hydrangea otaksa Siebold & Zucc.
[*Hydrangea macrophylla* (Thunb.) Ser. 'Otaksa']

　『日本植物誌』中で最もよく知られた図版であろう。しかし植物画の技法的な面から検討すると、目線が花序をやや下から見上げる位置にあってごく一部の花しか描けないことや、描かれた葉がひとつとして正しくそのかたちを示しておらず、描く角度が悪いなど、問題も多い。
　シーボルトとツッカリーニはこの植物に *Hydrangea otaksa* の学名を与えた。*otaksa* の種小名はシーボルトの妻 '滝'、すなわち 'お滝さん' によっていよう。その豪華にして清楚な花に最愛の妻のイメージを重ねた命名である。
　描かれた植物は、シーボルトのおよそ50年前に来日し、日本の植物を研究したツュンベルクが発表したアジサイとは、かなり異なるものである。オランダのライデンにある国立植物学博物館に残されている標本、そこから東京大学総合研究博物館に寄贈された標本を検討すると、花序は図版が示すように半球形で、葉は質厚く、やや小ぶりで、しかも倒卵形のかたちをしていて、先だけが尖る短尖鋭頭になる。この図版に一致するアジサイをフランスのアジサイのコレクターが所有することが最近判り、調べたところ、今日のどのアジサイの栽培品種とも異なることが判明した。

53　ベニガク　　アジサイ科

Gakuso（紅花品は Benikaku，青白花品は Konkaku）
Hydrangea japonica Siebold

　京都や大阪を含む、ガクアジサイよりも広い地域に分布するヤマアジサイは、古くから観賞用に栽培されてきたと推測され、自然界で見出された変わり物を選抜した栽培品種も数多くあったものと考えられる。ベニガクもそのひとつで、江戸時代から栽培されているヤマアジサイの栽培品種である。紅色または帯紅色の装飾花が、緑際立つ葉と鮮やかな対をなし、清々しい。今日でも和風の庭園などでよく目にする。

　図版の植物は、葉形といい、花序の姿、色合いを含めて、ベニガクそのものを描いたようにみえる。しかしシーボルトとツッカリーニの記載をみると、葉は無毛とあり、実際は有毛であるベニガクと相容れない。この点は、シーボルトらの単純な観察ミスなのか、それとも実際に無毛だったのか、この図版や記載のもとになったライデンにある標本を詳しく検討して明らかにする必要がある。残念ながら私はまだこれを実現できずにいる。

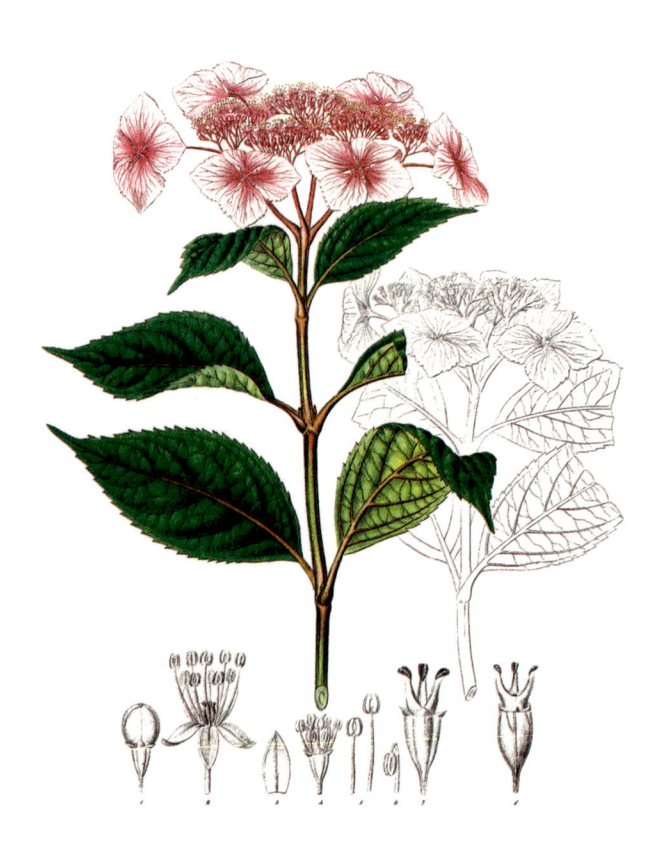

HYDRANGEA japonica.

53 ベニガク

HYDRANGEA petiolaris.

54　ツルアジサイ

54　ツルアジサイ　　アジサイ科

Jama demari
Hydrangea petiolaris Siebold & Zucc.

　シーボルトの覚書きは、この植物の発見のいきさつや特徴の一端を伝えてくれる。そのまま引用したい。
　「形状からも特徴的なこの植物が発見されたのは九州の多良岳で、7月であり、果実をつけていた。そこではとても力強く生長していて、湿った岩上を這い上がり、高さ3〜4フィート（0.98〜1.3 m）になる樹状のかたちをしていた。葉は卵形で、鋸歯があり、先は尖り、とても長い柄をもち、散房花序は長く伸びた下方の枝に数は少ないがきわめて大きな装飾花をつけ、その萼片もほぼ円形で先がわずかに凹むため、一見しただけで他のどの種からも見分けがつく。花は白色だが、装飾花は乾くとややくすんだ紅色になる」。
　ツルアジサイは日本産のアジサイ属で唯一のつる性の植物（藤本）である。新種として記載したシーボルトとツッカリーニは、ツルアジサイの葉がたいへん長い柄をもつことをこの種の特徴ととらえたふしがある。学名の種小名 *petiolaris* は'葉柄がある'を意味するからだ。
　イワガラミは、装飾花の萼片がひとつで、ツルアジサイとは異なるが、花がない季節の両種の区別には頭を悩ます。葉にこれという明瞭な区別点がないからである。

55　オオアジサイ　　アジサイ科

Oho-azisai
Hydrangea belzonii Siebold & Zucc.
[*Hydrangea macrophylla* (Thunb.) Ser.
f. *normalis* (E. H. Wilson) H. Hara]

　オオアジサイは強壮で、大きな葉をもち、6、7月に開花し、装飾花の萼片が青色になるなど、その形状や習性は野生のガクアジサイにもっとも近い。図もそうした特徴をよく表していよう。

　興味深いのは、図の左下に挿入されている、花序全体が装飾花だけからなる個体である。なぜならこれこそが正真正銘のアジサイだからである。ツュンベルクが記載したアジサイもこれである。シーボルトは覚書きで、これを著名な植物学者、水谷助六（豊文）から手に入れたと書いている。シーボルトらは、オタクサアジサイを新種として記載する一方で、本来のアジサイについてはガクアジサイから分類学的な区別もせずに、単に覚書きでこれを付記するにとどめたのはなぜだろう。ツッカリーニは別としても、日本で実際の植物を目にしたシーボルトが、オタクサアジサイとこの助六がもたらしたアジサイを同一のものとみていないのは確かだ。アジサイ属は唯一シーボルトが分類学的な論文を発表した植物であり、彼のアジサイ属への関心は他のどの植物よりも層倍大きかった。しかしその研究には不可解な部分も残るのである。

HYDRANGEA Belzonii.

55 オオアジサイ

HYDRANGEA acuminata.

56 ヤマアジサイ

56　ヤマアジサイ　　アジサイ科

和名の記載なし
Hydrangea acuminata Siebold et Zucc.
[*Hydrangea serrata*（Thunb.）Ser. var. *serrata*]

　東北地方南部以西の本州、四国、九州に分布する。北海道と東北地方、さらに九州まで、日本海に沿う地域には、葉や果実が大形化する変種エゾアジサイがある。シーボルトとツッカリーニは本書の記載で、ヤマアジサイは葉が有毛で、とくに裏面の脈腋では密生すると書いている。有毛性はヤマアジサイをガクアジサイから区別する重要な相違点でもある。
　図版53のベニガクのところでも触れたように、日本の園芸文化の発祥の地ともいえる京・大阪やその周辺に野生していたヤマアジサイは、古くから観賞用に着目され、庭園などで栽培もされていた。ベニガクのような栽培品種だけでなく、ガクアジサイから作出されたアジサイのように、ヤマアジサイでも花序のほぼすべての花が装飾花となるマイコアジサイや、その装飾花が白色となるシロアジサイ、シチダンカ（図版59-Ⅰ）などの品種が知られている。
　また、ヤマアジサイには葉に甘味成分が多く含まれる系統があり、これらを総称してアマチャと呼ぶ。

次ページにつづく⇨

57　ヤマアジサイ

[*Hydrangea serrata* (Thunb.) Ser. var.
acuminata (Siebold & Zucc.) Nakai]

　シーボルトらはヤマアジサイに2図版を用意したが、図版56には開花期、57には果実期の個体が描かれている。ともに先が鋭尖形となる葉が描かれるが、シーボルトらはヤマアジサイの特徴にこの鋭尖形の葉先をあげており、学名の種小名も'鋭尖形の'を意味する acuminata が用いられた。

　ツュンベルクはシーボルトらに先立ってヤマアジサイの存在に気付き、*Viburnum serratum* と名付けた。ツュンベルクは装飾花をもつアジサイ属を、ヤブデマリ（図版38参照）と同じレンプクソウ科ヤブデマリ属に分類した。シーボルトらはツュンベルクの処置には気付いていたが、上記の学名の植物がヤマアジサイとは気付かず、新種として記載したのである。国際植物命名規約では、規約の規定に適って最初に有効発表された学名を正名とする。この規約に則して、ヤマアジサイの学名は、フランスのスランジェがヤブデマリ属からアジサイ属に分類学上の位置の変更を行なった標記 *Hydrangea serrata* (Thunb.) Ser. が正名となる。

I. HYDRANGEA *acuminata.* II. H. Bürgeri.

57 ヤマアジサイ

HYDRANGEA Thunbergii

58 アマチャ

58　アマチャ　別名 コアマチャ　　アジサイ科

Ama-tsja
Hydrangea thunbergii Siebold
$\begin{bmatrix} \textit{Hydrangea serrata} \text{ (Thunb.) Ser.} \\ \text{var. } \textit{thunbergii} \text{ (Siebold) H. Ohba} \end{bmatrix}$

　シーボルトの覚書きの一部を引用しよう。
　「葉を乾燥させたものは茶になるが、これは甘く心地よい風味があるところから、「天の茶」を意味するアマチャという名がつけられており、たいへん珍重される。ものの本によると、この名の由来は、毎年4月8日の釈迦の生誕の日に、アマチャで仏像を洗い清めるところにあるという。
　我々はこの植物を、栽培されているものでしかみたことがない。ツュンベルクの命名した *Viburnum serratum*（じつはヤマアジサイ）がこれに当たるというのはありそうなことだが、ツュンベルクの記述は不十分で不正確でもあるため、我々は十分な確信がもてない」。
　ここに図示された植物は、ヤマアジサイのうち、アマチャと呼ばれる、葉に甘味の強い系統のひとつである。総称名との混同をさけるため、コアマチャと呼ばれることも多い。甘茶用に栽培されてきた。装飾花の萼片はヤマアジサイに比べ一層丸味を帯びる。

59-Ⅰ　シチダンカ　　アジサイ科
59-Ⅱ　ツルアジサイ　　　アジサイ科

Sitsidankw'a

Hydrangea stellata Siebold & Zucc.

$\left[\begin{array}{l}\textit{Hydrangea serrata}\text{ (Thunb.) Ser. var. }\textit{serrata}\\ \text{f. }\textit{prolifera}\text{ (Regel) H. Ohba}\end{array}\right]$

Jabu-demari

Hydrangea cordifolia Siebold & Zucc.

[*Hydrangea petiolaris* Siebold & Zucc.]

　八重咲きは広範囲の植物にみられる現象だが、アジサイ属でも多くの種に見出されている。図版上方のシチダンカは、ヤマアジサイの装飾花の萼片が倍以上になる八重咲き品種である。観賞上珍重され、栽培される。

　図の下段はツルアジサイで、図版54に描かれた個体に比べ、花序の枝が短く、葉のかたちも基部が心形や切形になるなど異なる。シーボルトとツッカリーニはこれをツルアジサイとは別の種と考え、*Hydrangea cordifolia* の学名とヤブデマリの和名を与えた（38のヤブデマリとは別種）。ツルアジサイは花序や葉のかたちや大きさの変異が幅広く、ヤブデマリはツルアジサイの変異の一部に過ぎない。

　植物でも動物でも変異性の詳細は、分布域の全域から多数の標本が収集されて初めて判ることである。限られた標本だけを頼りに研究をせざるをえないパイオニアたちにとっては、変異性は十分調べようのない厄介な問題であった。

I. HYDRANGEA stellata.II.H.cordifolia.

59-I シチダンカ / 59-II ツルアジサイ

HYDRANGEA virens.

60 ガクウツギ

60　ガクウツギ　　アジサイ科

Jaina-dôsin, Kana-utsuki
Hydrangea virens (Thunb.) Siebold
[*Hydrangea scandens* (L. f.) Ser.]

　アジサイ属には花序に柄があるガクアジサイやヤマアジサイなどの一群と、柄がないガクウツギやコガクウツギなどの一群がある。後者では花序の直下に葉を生じる。ガクウツギは日本に特産し、関東以西の本州、四国、九州に自生する。

　この図版はこうしたガクウツギの特徴をよく表してはいるものの、不自然な感じがするのは否めない。この図には慶賀の下絵があり、本図はそれを継ぎ接ぎして仕上げたものだ。その過程で、慶賀が正確に模したこの種の分枝の様相や、葉や花の付き方が無視され、現実にはありえない姿へと改竄されたのである。アジサイ属の研究者でもあったシーボルトだが、これを見抜けなかった。

　ガクウツギは装飾花の萼片はふつう3つ、まれに4つと、ガクアジサイやアジサイに比べ数少なく、また大きさも不ぞろいで、遠心方向にある1つが大きくなる。ガクウツギにはコンテリギの別名がある。葉が金属光沢のある紺緑色を呈することが多いことによっている。

61　ノリウツギ　　アジサイ科

Nori-noki
Hydrangea paniculata Siebold

　花が枝先の大きな円錐形の花序につくことで、球形や半球形、やや扁平な花序をもつアジサイ属の他のどの種からも容易に識別がつく。シーボルトが覚書きで書いているように、花序のかたちは北アメリカに産するカシワバアジサイに似る。図版のノリウツギの花序は全体の花数も装飾花の数も少なく、花序が透けてみえるが、実際には花は密生し、装飾花も数多く、内部がみえることは少ない。

　ノリウツギは東アジアに分布し、日本では北海道から九州屋久島にいたる各地にみられるが、とくに東北地方や北海道に多い。

　ノリウツギの和名は、根から採取する糊を和紙を漉く際の糊料として使用したことによる。ノリノキの別名もある。装飾花はふつう白色だが紅色をおびる個体もあり、ベニノリノキと呼ばれ、観賞用に栽培される。花序の花がアジサイのようにほとんどすべて装飾花となったものをミナヅキといい、観賞に供される。

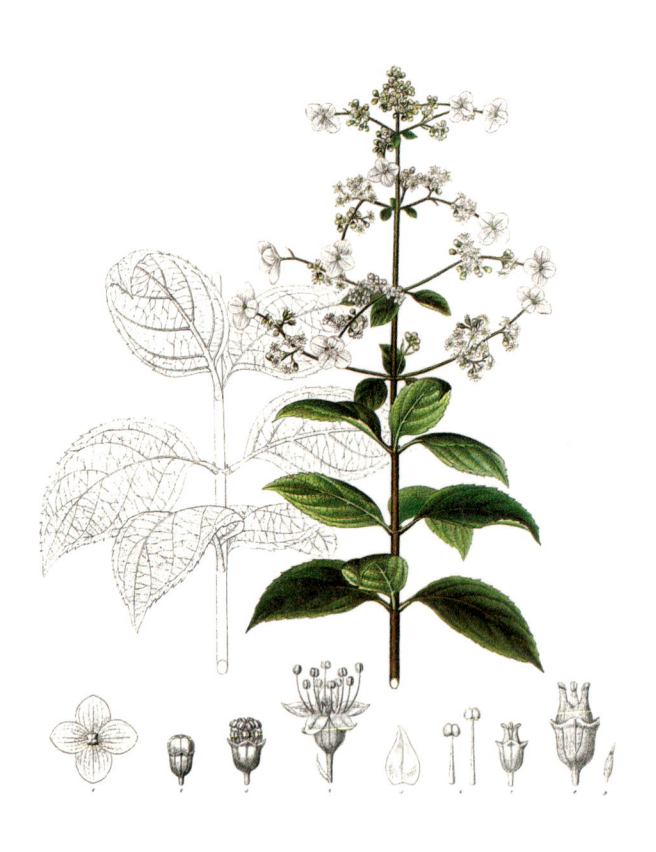

HYDRANGEA paniculata.

61 ノリウツギ

HYDRANGEA hirta.

62 コアジサイ

62　コアジサイ　　アジサイ科

和名の記載なし
Hydrangea hirta（Thunb.）Siebold

　花序に装飾花を欠く。高さ1.5 mになり、薄い草質で、黄味がかった緑色をした葉が多数枝に対生する。枝は細く、よく分枝して茂る。装飾花を欠くことで他種との区別が容易であるだけでなく、様々な点で隔たりは大きい。日本特産で、関東地方以西の本州と四国、九州に分布し、浅い林内や林縁に生える。
　シーボルトとツッカリーニは本種の記載で、花弁と雄しべが藍色と書いているが、実際に開花時には花全体が青色または薄紫色をしてみえる。この色彩の記述は、一部とはいえシーボルトが学術的な特徴の記述（記載）にも実際に関与したことを証している。
　またシーボルトが覚書きで、コアジサイが一見よく似た外観をしているとしたキキョウ科のユウギリソウは、葉群から抜き出てつく、紅紫色の花が密集した花序をもち、その姿かたちはなるほどと納得がいくほど似てみえる。地中海地域原産で、ヨーロッパでよく栽培される植物である。

63　タマアジサイ　　アジサイ科

藤色花は Ginbaisoo, 黄色花は Kinbaisoo
Hydrangea involucrata Siebold f. *involucrata*

　タマアジサイの和名は、枝先に単生する、ほころびる前の苞葉に包まれた花序が球状をしていることによる。日本の特産種で、本州の福島県から岐阜県にいたる主として太平洋側の地域に自生し、山地の沢沿いの肥沃な斜面などにしばしば大群生して生える。

　落葉低木で、高さは2mに達する。灰白色で不規則に裂け、薄片となって落ちる樹皮をもつ。葉は、触れると両面ともネコの舌のようにざらざらする硬い毛が生え、長さは10～25 cmになる。花はつぼみのときは明るい紫色、後に淡い紫色となるが、花弁は散りやすい。果実は球形の蒴果(さくか)で、先にほぼ水平に伏せた相対する花柱をもち、熟すと花柱の間で裂開する。

　図版は、4枚の葉が描かれた慶賀の下絵をもとに作製されたもので、最下部の対生する1対の葉は慶賀の下絵になく、付け加えられたものである。その1対の葉を除く他の部分は下絵を反転して使用した。こうした処理によって、下絵にあったタマアジサイの自然な佇まいを完璧なまでに失ってしまった。愚の骨頂というべきか。

HYDRANGEA involucrata.

63 タマアジサイ

HYDRANGEA *involucrata*.

64 ギョクダンカ

64　ギョクダンカ　　アジサイ科

和名の記載なし
Hydrangea involucrata Siebold（monstr. *floribus omnibus plenis*）
$\begin{bmatrix} \textit{Hydrangea involucrata} \text{ Siebold} \\ \text{f. } \textit{hortensis} \text{（Makino）Ohwi} \end{bmatrix}$

　タマアジサイの品種のひとつである。ヤマアジサイの装飾花の萼片が重弁化したシチダンカ（図版59-I）もそうだが、これらは装飾花の萼片が重弁化したものである。ギョクダンカでは装飾花の萼片のみならず、正常花の花弁も重弁状になる。ギョクダンカもシチダンカも、自生地で偶発的に生じた変異株が見出され、選択の後、栽培化されたものと考えられる。
　人工交配などの育種技術がまだ見出されていなかった19世紀は、野生集団に見出される特異な変異株は、新しい園芸植物として大いに注目された。シーボルトの時代は、園芸家も野生植物に通じていたのである。

65　クサアジサイ　　アジサイ科

Kusa-Kaku
Cardiandra alternifolia Siebold & Zucc.

　クサアジサイ属は東アジアに広く分布するクサアジサイと、奄美大島特産のアマミクサアジサイの2種からなる、東アジアの特産属である。来日中アジサイの仲間に関心を深めたシーボルトは、帰国前に日本産アジサイ属の分類について総説草稿を書いていたほどである。ツッカリーニと共同で、本属のほかイワガラミ属、バイカアマチャ属という新属も発表し、東アジアのアジサイ科の分類に大きな足跡を残した。記載にもシーボルトの観察が反映されている。
　クサアジサイは装飾花をもつためアジサイ属の種に似てみえるが、葉が互生することや、草本であることが異なる。さらに花粉を納める2つの葯の間の葯隔がハート形になる点が特徴的だ。シーボルトとツッカリーニはこうしたかたちの葯隔をもつことを重視して、属名を'心臓形の雄しべ'を意味する *Cardiandra* とし、新属新種として発表した。
　クサアジサイは、本州、四国、九州に分布する日本に特産の亜種と、中国大陸東部、台湾、西表島に分布する別亜種オオクサアジサイからなる。山地の林床などの湿潤地に生える多年草で、地上茎は直立し、高さはふつう70cmで、間隔をおいて幅広の披針形あるいは楕円形の葉を互生する。

148ページにつづく⇒

CARDIANDRA alternifolia.

65 クサアジサイ

CARDIANDRA alternifolia.

66 クサアジサイ

66　クサアジサイ

　クサアジサイには 2 つの図が描かれているが、図版 65 は出島の植物園で栽培された、花弁が薄紅色の、どちらかといえば貧弱な個体であり、66 は九州の山地で採集された強壮な個体である。シーボルトらはこの植物の生育地について、Amat montes altiores, ubi in vallibus humidis umbrosis occurrit、すなわち '高い山が好きで、湿って薄暗い谷を好んで生えている' と書いている。

　図版 65 と 66 は共にカルトドーフが版下を作製しているが、65 が川原慶賀の下絵を参考に描かれているのは明らかである。山口隆男、加藤僖重は 1998 年に、ライデンやミュンヘンに収蔵されるシーボルト関連標本を綿密に調べ、『日本植物誌』の図版の製作過程にも言及している。その中で、図版 65 は、慶賀の下絵は「参考にされた程度のようで、そのままでは図版化されていない」と記す。

　慶賀のどの作品も、『日本植物誌』の図版作製では下絵であり、そのまま図版化されてはいない。図版 65 でもちょっとみただけではそれと判らないが、慶賀の作品を下絵としているのは明らかだ。ここでのデフォルメは『日本植物誌』の図版作製上興味深い一例といえる。

67　ゴンズイ　　ミツバウツギ科

Gonzui, Kitse no tsjabukuro
Euscaphis staphyleoides Siebold & Zucc.
[*Euscaphis japonica*（Thunb.）Kanitz]

　シーボルトとツッカリーニが新属新種として記載した。ゴンズイ属には、中国、台湾、朝鮮半島南部、日本に固有なゴンズイのみが分類される。属名の *Euscaphis* は、ギリシア語で美しいとか本物のという意味の eu と、小舟をいう scaphula の合成語で、濃い紅紫色の果実がボート形をしていることに因む。

　落葉小高木で、関東地方以西から南西諸島に分布し、里山から山地の疎林や雑木林などに生える。シーボルトは覚書きで、「日本全国でみられるが、とくに大和、河内地方でよくみられ、亜高山帯の谷間の森で繁茂している」と書く。本種に限らず、その分布地点の正確な記述は、全国を隈なく歩き廻り、標本を採集してこそ初めてできるものである。シーボルトの7年間の滞在はそれをするにはあまりにも短く、調査しえた範囲も限られていた。シーボルトの分布情報の多くは弟子たちによったものだが、分布を正確に把握する意識と方法には頓着が払われていなかった。そのため不正確さも目立つ。

EUSCAPHIS staphyleoides.

67 ゴンズイ

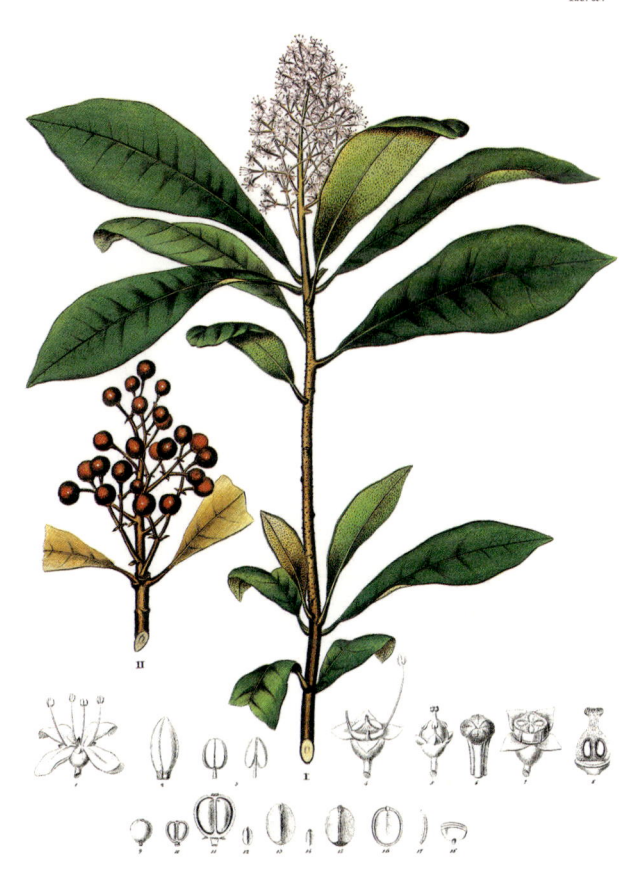

SKIMMIA japonica.

68 ミヤマシキミ

68　ミヤマシキミ　　ミカン科

Mijama Sikimi
Skimmia japonica Thunb.

　シーボルトは、樹下でも育つ観賞用の小低木として、本種が園芸的に高い価値をもつことを見抜いていた。ミヤマシキミ属はツュンベルクによって設立された属だが、シーボルトらはミヤマシキミについて詳細な研究を行い、特徴を補完した。属名 *Skimmia* は和名ミヤマシキミによる。

　シーボルトとツッカリーニの記載を読むと、ミヤマシキミ属は、日本のミヤマシキミと、ウォーリックがネパールから記載した別種の2種からなると書いているが、その後中国やフィリピンにも分布することが判り、種数も4種（9または10種とする説もある）に増えた。

　葉にはミカン科の植物の特徴である油点が点在し、芳香を発する。雌雄異株で、雌花と雄花は別々の個体につく。花は、茎の先端に生じる円錐花序に多数つき、白色の花弁をもつ。花の芳香は夕方に強くなり、ふつう芳香は雄花の方が強い。冬に深紅の球形の果実を結ぶ。まれに雄花とされる株にも果実がなることがある。

　ミヤマシキミは種としては北海道から九州にいたる広い地域に分布する。いくつかの変種があり、狭義のミヤマシキミ（var. *japonica*）は基部から直立する茎をもつ。

69　ユキヤナギ　　バラ科

Juki janagi, Iwa janagi
Spiraea thunbergii Siebold & Zucc.
[*Spiraea thunbergii* Siebold ex Blume]

　シーボルトは、ツュンベルクが *Spiraea crenata* として記述した植物には複数の種が含まれ、その一部にユキヤナギが含まれることを喝破した。種小名は'ツュンベルクの'という意味である。

　シーボルトの覚書きは一部を除き、実物を観察して書いたものだろう。引用しよう。

「高さ2〜3フィート（65〜98 cm）の低木である。たくさんの細い下垂ぎみの枝と、シダレヤナギに似ているが一層小さい、とてつもなく小さな葉をもち、加えて、3つが房になり、長く伸びる花序につく花をもつ。この種は日本全土の、標高の高い地域の谷間や山地の岩場や傾斜地に見出される。3月から4月にかけて、ふつうは葉が現れる前、まれには葉と同時に開花する。和名のユキヤナギは、開花するとあたり一面その白い花で被われることからきている。庭で栽培すると高さ4〜5フィート（1.3〜1.6 m）に達する。ひこばえや挿し木で手早く殖やすことができる」。

SPIRAEA Thunbergii

69 ユキヤナギ

SPIRAEA prunifolia.

70 シジミバナ

70 シジミバナ　　バラ科

Fage bana
Spiraea prunifolia Siebold & Zucc.

　これもツンベルクの *Spiraea crenata* に分類されていた種である。シジミバナは落葉低木で、ユキヤナギにも似るが、葉はユキヤナギでは披針形または狭披針形で、先は鋭尖形、裏面の中肋を除いて無毛なのに、シジミバナでは広卵形または卵形で、先は鈍形、裏面には全体に伏した毛がある。また花はほとんどの雌雄蕊が弁化している。中国原産で観賞用に広く栽培されている。

　シーボルトとツッカリーニは和名を Fage bana とのみ記し、シジミバナの名はない。シーボルトが命名した植物を日本で最初に考究した本田正次（東京大学教授、1897-1984年）は Fage bana をハゼバナではないかとしている。

　図版は扁平な様相をもつことは否めないが、シジミバナの特徴をよく示していて、かつ正確である。

71　ギョリュウ　　ギョリュウ科

和名の記載なし
Tamarix chinensis Lour.

　ギョリュウの名は御柳を音読したものである。中国では紅柳という。ギョリュウ属は北アフリカからユーラシアに分布し、五十数種あるが、日本には自生しない。主に乾燥地に生え、砂漠では伏流水の流れる場所にしばしば群生し、砂漠を旅する人々が水の存在を知る手がかりとなった。
　日本には江戸時代寛保年間（1741-44 年）に中国から渡来したと伝えられており、本種を日本産とするシーボルトとツッカリーニの記述は誤りである。
　属名の *Tamarix* は、古いラテン語名であるが、ピレネー山脈を源流とするタマリス川に因むという説もある。観賞用、あるいは、昔イスラエル人がアラビアの荒野をさまよっているとき、神から恵まれた食物として聖書にも記載のあるマナ採取のために栽培される。マナは、ギョリュウに生息する昆虫が出す甘い分泌物である。
　ギョリュウは東アジアの温帯地域原産で、各地で観賞用に栽培され、北アメリカに帰化している。

TAMARIX chinensis.

71 ギョリュウ

EUPTELEA *polyandra*.

72 フサザクラ

72　フサザクラ　　フサザクラ科

Fusa Sakura, Koja mansak と呼ぶ地方もある
Euptelea polyandra Siebold & Zucc.

　春に開葉に先立って、紅褐色をした5花から十数花が束状に枝から垂れ下がって咲く。花は小さいが、その様子を房状に咲く花をもつ桜にたとえたのだろう。広卵形あるいは扇状円形で、先が尾状に伸び、長い柄のある葉は、一度目にしたら忘れられない印象的なかたちをしている。ときには崩壊を起こすような、急峻な湿った谷筋の斜面などに生える。ヤマグルマやカツラの材には道管がなく、仮道管をもつことで有名だが、フサザクラも道管を欠き、材は仮道管からなる。

　シーボルトとツッカリーニはフサザクラを本書で新属新種として記載した。彼らはこれをニレ科の植物としたが、のちにゴットリーブ・ウィルヘルムがフサザクラ属だけからなるフサザクラ科を提唱し、これが定説となった。一方、1864年にフサザクラに類似する *Euptelea pleiosperma* が、フッカーらによってヒマラヤから記載された。また、のちにはこの種が、中国南部からインドのアッサムに分布していることも判った。これらの2種からなるフサザクラ科は、日華植物区系区を代表する固有科のひとつであり、植物地理学の立場からも注目される植物となっている。

73　ケンポナシ　　クロウメモドキ科

Kenponasi
Hovenia dulcis Thunb.

　ケンポナシを基準にツンベルクが設立したケンポナシ属は、日本からヒマラヤ地域に分布する数種からなる、日華植物区系区の木本植物である。属名 *Hovenia* は、ツンベルクの日本への渡航を支援した裕福なオランダ市民のひとり、David ten Hoven の名によっている。

　日本にはこの属の樹木として、ここで取上げたケンポナシと、花序や葉裏、果実に褐色の毛が生じ、葉の鋸歯が低く目立たないケケンポナシ（*Hovenia tomentella*）の2種がある。

　ケンポナシは北海道（奥尻島）から九州に産し、朝鮮半島、中国にも分布する。落葉高木で、高さが20mにもなるものもある。一方、ケケンポナシは本州と四国に産するが、西部に多い。

　図版は川原慶賀の下絵にもとづいて、ヴェイトが作製している。図柄はほとんど同じだが、花序の花数が増やされている。葉をつけたややジグザグな枝、その枝を分かつ母枝の様相が写実的なのは、慶賀の下絵をほぼそのまま写したことによっていよう。

　　　　　　　　　　　　　　164ページにつづく⇨

HOVENIA dulcis.

73 ケンポナシ

HOVENIA dulcis.

74 ケンポナシ

74　ケンポナシ

　シーボルトとツッカリーニの記載は詳細をきわめ、この植物の特徴をあますところなく書き表している。シーボルトの覚書きも充実していて、彼らのケンポナシへの思い入れが伝わってくるようだ。ただ覚書きでは、ケンポナシの原産地はおそらくインドで、インドでは野生状態のものがみられると、誤った記述をしている。インドには産しない。
　彼らも記述しているが、ケンポナシの果実は風変わりだ。最初は球形だった核果が、熟すにしたがい、皮革質の外果皮と強靭で薄い内果皮とに分離してしまう。また果実が熟すころ、花序の枝は肥厚し肉質となる。これは甘くよい香りがする。ケンペルはベルガモットの風味に似ると書き、シーボルトはイナゴマメの風味にも似ると記す。
　図版 74 は 73 とは明らかに異なる図柄となっているが、葉をもつ枝のジグザグな様相や葉形は、73 に用いた慶賀の下絵がデフォルメされたものだ。果実のかなりリアリスティックな描写は、シーボルトが植物画家として雇用したヴィルヌーヴが残したスケッチにもとづく。ヴィルヌーヴのスケッチは果序のみだったために、全形図が必要となり、上記のような慶賀の下絵のデフォルメが行われたのだろう。

75　フジモドキ　　ジンチョウゲ科

Fudsi modoki, Sigenzi
Daphne genkwa Siebold & Zucc.

　シーボルトとツッカリーニが命名記載した、ジンチョウゲの仲間の落葉低木である。種小名は漢名の芫花(げんか)によっている。

　フジモドキは中国、台湾、朝鮮半島南部に分布する。高さは1mほどになり、花は落葉時に咲き、淡い紫色である。サツマフジ、チョウジザクラ(同名異種あり)、シゲンジの別名もあり、シーボルトとツッカリーニはフジモドキとシゲンジの2和名、漢名としてゲンカをあげている。

　シーボルトは覚書きで、「原産地はシナであるが、現在は日本の庭でも盛んに栽培されており、観賞用としても、また薬用としても用いられている」と書いている。さらに記述は薬用に触れ、「花は乾燥させ、とりわけ全身のむくみや過水症、きわめてしつこいカタル性の疾患、間欠熱などのほか、虫下しにも峻下剤(しゅんげざい)として内服する。皮層は発赤剤や発泡剤として用いられる。さらに、日本の植物学者たちは、ゲンカを有毒植物のひとつに数えている」と記す。

　この詳しい薬効についての記述に、医者としてのシーボルトの視線が感じられる。

DAPHNE Genkwa.

75 フジモドキ

STAUNTONIA hexaphylla.

76 ムベ

76　ムベ　　アケビ科

Mube, Tokifa akebi, Ikusi
Stauntonia hexaphylla（Thunb.）Decne.

　5から7の小葉を掌状に配した葉形は一度目にしたら忘れられない。中国、台湾、朝鮮半島にも分布し、日本では宮城、山形県以西に産する。花には、淡い黄白色で内面に紅紫色の条線のある、2環に配する6つの萼片がある。

　アケビ科には8属に分類される45種があるが、南アメリカのチリに分布するラルディザバラ属（*Lardizabala*）とボクイラ属（*Boquila*）を除く他の6属は、すべてヒマラヤから日本にいたる東アジアに産し、大陸をまたぐ明瞭な隔離分布をしている。

　シーボルトは覚書きで、7月終わりから8月にかけて熟す果実は、水っぽく甘ったるい味で、気分転換によく、田舎の人間はこれを取って食べていると記している。

　上方に広がる2つの葉と花序をもつつるの図、果実の図および解剖図は、慶賀の下絵をかなり忠実に模したものである。背後に置かれた葉形を示す図は、上方に描かれた2葉のうちの左側のものと腋生(えきせい)の花序を拡大して示したものだが、花序の腋生の様子が正しく示されていない。シーボルトもツッカリーニも原図のチェックではしばしば誤りを見逃している。

77　アケビ　　アケビ科

Akebi, Akebi Kadsura
Akebia quinata（Thunb.）Decne.
[*Akebia quinata*（Houtt.）Decne.]

　5つの小葉からなる掌状複葉をもつアケビは、本州以西に産し、朝鮮半島や中国大陸にも分布する。
　シーボルトは江戸参府の折に、箱根で野生のアケビを直接目にしたのだろう。覚書きには、箱根などの火山の山間に生えていると記す。また、出島でも栽培されていたとみえ、葉が冬の間は落ちずについているが、春になって別の葉が出ると落葉するとしている。花序の開出は4月から5月とし、花は紫色などと観察は詳しい。図からはアケビの姿かたちが生き生きと伝わってくる。『日本植物誌』中、最もすぐれたもののひとつであるが、その全形図は慶賀の下絵を反転してほぼ忠実に模したものである。小葉のかたち、花のつき方やかたちが正確に判る慶賀の下絵は、修正の必要を感じさせなかったのだろう（巻末の解説参照）。
　アケビが1856年以前に、日本からライデン大学植物園に導入されたことが記録に残されている。今日同植物園に現存するアケビは、その系統を引き継ぐものであろう。

AKEBIA quinata.

77 アケビ

AKEBIA lobata.

78 ミツバアケビ

78　ミツバアケビ　　アケビ科

Mitsuba akebi
Akebia lobata Decne.
[*Akebia trifoliata*（Thunb.）Koidz.]

　その葉が3つの小葉からなることから、ミツバアケビの名が生れた。秋にアケビとして食する果実は、主にミツバアケビのものである。独特の風味と甘味があり、野趣もまた好まれる。

　シーボルトの覚書きには、先のアケビにみた詳細な記述、つまりアケビを紹介することに情熱をもやしている様子などがまったく感じられない。文章も半分ほどで、もしかしたらシーボルト自身は、この植物を生きた状態ではまったく目にしたことはなかったのかとさえ思われるものである。花や果実についても、単に「4月に開花し、10月には果実が熟す」と書くのみである。

　図版はこれも慶賀の下絵によっているが、大幅な変更が加えられている。無彩色で小葉のかたちが判るように描かれた、6葉をもつ図は、慶賀の下絵からの創作である。

79　アカメガシワ　　トウダイグサ科

Akamegasiwa, Adsusa
Rottlera japonica (Thunb.) Spreng.
[*Mallotus japonicus* (Thunb. ex L. f.) Muell. Arg.]

　東アジアに分布し、日本では本州以西に産する。伐採跡地や林縁などに生える生長の速い木で、シーボルトも覚書きで「とても生長が速く、種子からきわめて容易に殖やすことができる」と書いている。まれに庭園や公園で植栽されることもある。
　和名のアカメガシワは、カシワに似た大きな葉をもち、芽立ちが紅色に染まることに因む。
　図は慶賀の下絵にもとづくが、反転させただけでなく、花序枝の数を増やすなどの変更を行っている。慶賀の下絵にある、植物画の技法上ふさわしいとはいえない、一部の葉の重なりや折り曲げなどは、修正せずにそのままにしている。自然らしさが醸し出されてはいるが、植物画としては問題のある図となったことは否めない。

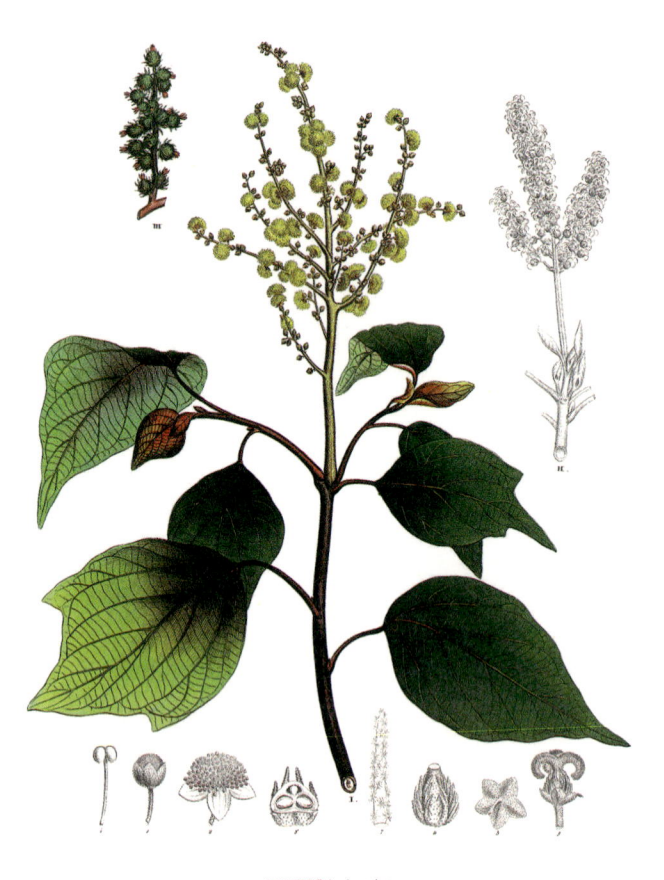

ROTTLERA japonica.

79 アカメガシワ

TERNSTROEMIA japonica.

80 モッコク

80　モッコク　　サカキ科

Mokkok'
Ternstroemia japonica（Thunb.）DC.
［*Ternstroemia gymnanthera*（Wight et Arn.）Bedd.］

　東南アジアから東アジアにかけて分布する常緑の小高木で、日本では関東地方以西に産し、主に沿海地の照葉樹林に生える。
　古くから庭木としても珍重されてきた。その珍重ぶりはシーボルトの覚書きにも記されていて、「栽培されているものは庭や街道のいたる所でみることができる。というのも、モッコクのない庭もありうるなどと考える庭師は、この国にはひとりもいないからである」とある。
　図版の中心にある、多数の葉をつけた、6つの枝をもつ図は、最下方の枝を除き、慶賀の下絵を反転させほぼ忠実に写し取っている。慶賀はシーボルトが採用した植物画家ヴィルヌーヴから、植物画や解剖図の描き方などの手ほどきを受けた。しかし、ときに植物画に求められる正確なかたちや大きさが判る位置から葉や花を描くという姿勢に欠けていると思えることがある。むしろそうした点に配慮することで自然らしさを失うのを恐れたふしもある。
　慶賀のこのモッコクの下絵は、葉の全形や柄と葉身の相対長などを多くの葉から読み取ることができ、植物画としても完成度の高いものになっている。

81　サカキ　　サカキ科

Sakaki, 一般に Tera-tsubaki
Cleyera japonica Thunb.

　サカキ（榊）は神の木と書き、神事には欠かせぬ木である。シーボルトも覚書きで、社寺周辺や民家には必ずといっていいほどある神聖な木と書いている。また、とりわけ仏教徒はこの木を尊ぶとも書く。神道と仏教が完全に分離している今日からみると、この表現には違和感を覚えるが、当時は神仏習合だったことを考慮する必要があろう。

　サカキは枝先の芽が細長く鎌状に曲がる特徴をもつ。図版からもそうした傾向は読み取ることができよう。

　サカキ属には十数種あり、アジアと新大陸に隔離分布するが、サカキ属はツュンベルクにより、日本のサカキにもとづいて設立された。属名 *Cleyera* はオランダ商館長として来日した著名な医師アンドレアス・クライヤー（Andreas Cleyer, 1697 年か 98 年没）に因む。彼は日本や中国の植物に興味をもち、文献なども収集した。シーボルトは覚書きで、それらがベルリンの図書館に所蔵されていると書いている。クライヤーがブランデンブルク選挙侯フリードリヒ・ヴィルヘルムの求めに応じて送った、多数の中国の文献と日本の植物図は現存しており、日本の植物学史や植物画の発展を知るうえで貴重な資料となっている。

CLEYERA japonica.

81 サカキ

CAMELLIA japonica.

82 ツバキ

82　ツバキ　　　ツバキ科

Tsubaki, Jabu tsubaki
Camellia japonica L.

　シーボルトは覚書きの一節で、「ツバキは、……ヨーロッパの津々浦々に広がり、植物についてこういうことがいえるのはまれなことだが、いわば文化の幅を広げることになったのである。ツバキのこのような栄誉は、その本来の美しさによると同時に、我々が旧大陸の植物に喜んで見出すような、無数の変種を作り出す自由があることによるのである」と記す。
　ツバキは冬のバラと呼ばれ、ヨーロッパの園芸界に君臨した。椿の名を冠した小説やオペラも登場した。葉の緑さえ少ない冬に、常緑でしかも赤い美しい花を開き、冬の単調さを大いに慰めた。
　シーボルトが注目したツバキであるが、その図版はあまりぱっとしない。シーボルトは覚書きで、図版は日本で頻繁にみられる野生の半八重咲きのものを描いたとしているが、野生株のほとんどは単重咲きの花をもつ。この図版は野生のツバキを描いた慶賀の下絵にもとづいているが、花、花のつく位置、枝ぶりなどに大幅な変更が加えられている。慶賀の描いた花は単重咲きで花冠があまり開かず筒状となる、九州南部に多い野生のツバキである（巻末の解説参照）。

83 サザンカ　　ツバキ科

Sasank'wa
Camellia sasanqua Thunb.

　シーボルトはツバキ科の植物に注目している。著書『日本』で詳しく紹介したチャ（茶）、それに本書でのツバキ、サザンカ、モッコク、サカキである。とくに、ツバキの覚書きはスギに次ぐ長いもので、来歴や特徴、分布、薬効などに加え、園芸上の利用にも詳しい。

　ツバキと比べても遜色がないサザンカであるが、江戸時代はあまり注目もされず、栽培品種も数少なかった。知る人ぞ知るといった存在だったのだろう。シーボルトはそういうサザンカに愛着を抱いていたようだ。覚書きにはサザンカの魅力を、あたかも恋人を想うように書いている。

　日本庭園における四季折々の花のひとつにサザンカが利用されている様子を書く一節でも、「密生して輝くような葉群も、花の鮮やかさも、それが冬に姿をみせるということで輪をかけて珍重され、日本の観賞植物のなかでも抜きんでた地位をこの植物に与えている」と称えている。

　シーボルトは茶の若葉が周りのにおいを吸ってしまうことを紹介しつつ、サザンカが茶畑にも植えられることや、サザンカの花が甘く心地よい香りを茶葉に移す効果を記し、上等の茶葉はサザンカの開花期に収穫されるとも書く。

CAMELLIA Sasanqua.

83 サザンカ

POROPHYLLUM japonicum.

84 サンシチソウ

84　サンシチソウ　別名 サンシチ　　キク科

和名の記載なし
Porophyllum japonicum（Thunb.）DC.
［*Gynura japonica*（L. f.）Juel］

　シーボルトは覚書きで、サンシチソウの特徴や薬効について詳しく書いている。引用しよう。
　「シナから日本に移入された多年草で、2〜3フィート（65〜98センチ）の高さの草質の茎をもっている。普通は8月にしか開花しないが、もっと遅く秋になってから開花することもしばしばであり、それゆえに種子が成熟することはまれである。薬用植物であるが、優美に切れ込みの入った葉や黄金色のたくさんの花をつけるために、庭によく植えられてもいる。この植物の薬効のある部分は根であって、出血、痔、炎症性の病気などに、煎じたものを2ドラクマ（6.48グラム）までの服用量で用いる。
　日本およびシナでの名称サンヒチ[ママ]は、「三と七」の意であるが、次のような事実に関わっている。すなわち、茎のおおむね二股に分かれた枝先で、頭花がほとんど例外なく3つまたは7つつくからである」。

85　シャリンバイ　　バラ科

Hama mokkok'
Raphiolepis japonica Siebold & Zucc.
[*Raphiolepis umbellata* (Thunb.) Makino]

　東南アジアの亜熱帯地域から東アジアにかけて分布する。日本では宮城県、山形県以西に産し、海岸近くの岩礫地などに生える。観賞用に利用され、庭園などに広く栽培されている。シャリンバイの名は、ウメに似た花をもち、枝の上部につく葉が近接して車輪のようにみえるためだろう。だがシーボルトとツッカリーニが採録した和名は、海辺のモッコクを意味するハマモッコクだけで、シャリンバイの名はない。
　シャリンバイは葉のかたちの変異が大きく、円形や広卵形になるものをマルバシャリンバイ、図版のように楕円形または長円形のものをタチシャリンバイなどと呼ぶこともある。
　図版は一見すると押し葉標本にもとづいた植物画然としているが、そうではなく、慶賀の下絵によっている。だがそれが判らぬほど大幅な変更が加えられている。

RAPHIOLEPIS japonica.

85 シャリンバイ

HELWINGIA *ruseiflora*.

86 ハナイカダ

86　ハナイカダ　　ミズキ科

Hanaikada
Helwingia rusciflora Willd.
[*Helwingia japonica* (Thunb.) F. G. Dietr.]

　ハナイカダの和名は、花の筏からきている。花が葉の中脈上につくため、葉を花を載せた筏にたとえたのだろう。ハナイカダが分類されるハナイカダ属（*Helwingia*）は日華植物区系区に固有な属のひとつで、6種からなり、ヒマラヤに1種、中国に4種、日本に1種（ハナイカダ）がある。

　ハナイカダは北海道から南西諸島にいたる広い範囲に分布するが、葉のかたちや大きさが異なるコバノハナイカダやリュウキュウハナイカダが変種として区別される。

　シーボルトは覚書きで、山間の住人が若葉を野菜として利用することや、葉上に花をもつという珍しい特徴を理由に庭木として珍重されていることに言及する。

87　ハマビワ　　クスノキ科

Hama biwa
Tetranthera japonica (Thunb.) Spreng.
[*Listea japonica* (Thunb.) Juss.]

　質厚の長楕円形で、葉先が円く、裏面が淡い褐色の綿毛に被われる葉をもつ。ハマビワの和名は、葉のかたちがビワに似ていて、海沿いの地に多くみられることに因んだものだろう。クスノキ科の常緑高木で、葉にも芳香がある。中国地方以西に分布し、朝鮮半島南部にも産する。
　図版は慶賀の下絵によっているが、枝の中ほどに、花序の一部を被いかくすように裏面側から描かれた葉や、枝の上方に描かれた葉の一部は下絵にはないものである。中ほどに挿入された葉のため花序は一部がかくれてしまい、この処置は植物画としては問題である。この葉を描いた理由は、慶賀の下絵に全形を正確に伝える葉や、綿毛をもつ裏面を描いた葉がないことによっていると思われるが、挿入する位置の決め方はあまりにも安直である。

TETRANTHERA japonica.

87 ハマビワ

HISINGERA racemosa.

88 クスドイゲ

88　クスドイゲ　　ヤナギ科

Sunoki, Kusudoige
Hisingera racemosa Siebold & Zucc.
[*Xylosma congestum* (Lour.) Merr.]

　シーボルトは覚書きで、「小高木だが、しばしば低木にとどまり、たいへん刺(とげ)が多い。枝はまばらで捻れており、葉は常緑で光沢がある。8月に開花し、液果が12月から1月にかけて熟す。九州では頻繁にみかけるが、北の地方ではそれほどではない。雨よけの生垣を作るのに用いられる。黄色っぽい花は外見はぱっとしないが、強い芳香がある」と書く。
　クスドイゲは東南アジアから東アジアにかけて広く分布する。日本では近畿地方以西の本州、四国、九州、南西諸島に産し、海岸近くの林内に生える。

89　マテバジイ　　ブナ科

Mateba si, Satsuma si
Quercus glabra Thunb.
[*Lithocarpus edulis* (Makino) Nakai]

　高さ15mにもなる常緑高木で、葉は革質で厚く、全縁で光沢があり、大きくて目立つ。秋には長さ2cm以上にもなる大きな堅果（どんぐり）がなる。本州以西の各地に広く分布するが、本来の自生地は九州と南西諸島と推測される。

　シーボルトの覚書きは詳しい。また、自分の目で観察したことを如実に反映したものになっている。葉の寿命が3年であること、果実は開花の翌年に熟すことなどにも筆は及ぶ。マテバジイの堅果はどんぐり中最も美味で、栗の味がし、若干渋いがどこでもこれを採って食べていると書いている。

　覚書きは、オランダへ航海中に発芽した種子から育ったマテバジイが、1830年にライデン大学植物園で栽培されていたと記す。だが、同園が創設350年を記念して出版した沿革編年史にはその記録は見出せない。

　図版は慶賀の下絵にもとづく。本図版左側下方の殻斗をともなう図の葉は、慶賀の下絵から新たに作図されたもので、同形の葉を右側の図に見出すことができる。

QUERCUS glabra.

89 マテバジイ

PRUNUS *japonica*.

90 ニワウメ

90　ニワウメ　　バラ科

Niwa mume, Ko-mume
Prunus japonica Thunb.
[*Cerasus japonica* (Thunb.) Loisel.]

　ニワウメはユスラウメ、ニワザクラとともにサクラ属（*Cerasus*）に分類される。これらの3種は、葉腋に3つの腋芽を生じることで、日本産や日本で栽培されるサクラ属の他のどの種からも容易に区別される。腋芽を複数生じる性質は、これらの種がモモ属（*Amygdalus*）に近いことを示している。

　シーボルトは、日本には花木といわれる、花も観賞価値の高い低木が数多くあることに気づき、その園芸価値に注目した。

　ニワウメはすでに取上げたユスラウメ（図版22）によく似るが、ユスラウメの花にはほとんど柄がなく、萼筒が筒形になるのにたいして、ニワウメの花には明らかな柄があり、萼筒は幅広の鐘形となるなどのちがいがある。

　ニワウメはツュンベルクによって日本産として命名されたが、原産地は中国中部で、日本には古くに渡来した。

　シーボルトは覚書きで、庭木として八重咲きのものが珍重されると記しているが、それは別種のニワザクラ（*Cerasus glandulosa*）を混同したためである。

91　ツルニンジン　　キキョウ科

Tsuru ninzin
Campanumoea lanceolata Siebold & Zucc.
[*Codonopsis lanceolata* (Siebold & Zucc.) Trautv.]

　ツルニンジン属（*Codonopsis*）には東南アジアから東アジアに産するおよそ30種があり、日本にはツルニンジンと、よく似たバアソブの2種がある。
　ツルニンジンは、日本を含む東アジアに広く分布する、多年生のつる植物で、地中に紡錘状の塊根(かいこん)をつくる。山地の日当たりのよい林内や斜面などに生える。ツルニンジンの名は、つる性で、薬草のオタネニンジン（チョウセンニンジン）に似た根をもつことに因む。別名にジイソブがあるが、この名は近似種バアソブと対をなした命名であろう。
　茎は長く伸び、3つまたは4つの葉を接してつける短い側枝を生じる。葉の裏面は粉白をおびる。花は、側枝の先端に1つまたは2つつき、下向きに咲く。釣鐘状で外面は白緑色、内面が紫褐色した花冠をもち、とても目立つ。
　シーボルトは野生状態でツルニンジンをみることはできなかったが、栽培株を実見し、詳しい観察を行っている。
　覚書きでシーボルトは、胸部の炎症や慢性の肺疾患にすぐれた薬効を示すと述べているが、日本では薬草としての利用は限られている。朝鮮ではツルニンジンの塊根をシャジン（沙参）として薬用にするという。

CAMPANUMOEA lanceolata.

91 ツルニンジン

HYDRANGEA bracteata.

92　ツルアジサイ

92 ツルアジサイ　　アジサイ科

Jabu-demari
Hydrangea bracteata Siebold & Zucc.
[*Hydrangea petiolaris* Siebold & Zucc.]

　シーボルトとツッカリーニはツルアジサイの変異の広さに翻弄させられた。図版54では、卵形で基部は切形となり、葉身よりも長い柄をもつ葉の *Hydrangea petiolaris* を記載し、図版59-Ⅱでは、葉が卵形で基部が心形となり、葉身とほぼ同長からやや長い柄をもつ個体を *Hydrangea cordifolia* として記載した。ここで *Hydrangea bracteata* として記載するのは、59-Ⅱのものと同様に、葉は心形の基部をもつが、柄は葉身よりも短いか、ほぼ同長のものである。
　その後の研究で、ツルアジサイは、葉形、葉の基部のかたち、柄の長さなどで、幅の広い変異をもつことが明らかとなり、シーボルトとツッカリーニが命名した上記の3種は同種であると結論付けられた。この例にみるように、変異の両極にある個体などは、標本や資料が少なく、連続性の証しともいえる様々な中間段階を示す標本がなかったりすると、どうしても別種と断定されやすくなりがちである。

93　ハマボウ　　アオイ科

Hamabô
Hibiscus hamabo Siebold & Zucc.

　日本の固有種で、三浦半島以西の本州、四国、九州（奄美大島まで）に分布し、潮が入り込む海岸の砂泥地に生える。また観賞用に栽培される。
　落葉低木または小高木。楕円形で長さ1cmほどの托葉（たくよう）が目立つ。葉は裏面が灰白色になる。花は黄色で、直径5cmほどになり、7・8月に開花する。
　世界の熱帯地方に広く分布し、日本では小笠原諸島、屋久島以西に産するオオハマボウは、ハマボウによく似るが、葉が円形で基部が深い心形となり、托葉は長さ1.5〜3cmになる。
　ハマボウはシーボルトとツッカリーニによって、本書で新種として発表されたが、種小名には和名のハマボウが採用されている。この場合のように、和名その他、日本での名称を種小名などに用いた学名は、サザンカ、センノウ、フジモドキの苞花（げんか）やハクウンボクのオオバヂシャにもとづく種小名など、かなりある。いずれもシーボルトが観賞価値を高く評価した植物であることに気づく。

HIBISCUS Hamabô.

93 ハマボウ

DISTYLIUM racemosum.
94 イスノキ

94　イスノキ　　マンサク科

Kihigon, Hijon noki
Distylium racemosum Siebold & Zucc.

　イスノキはシーボルトとツッカリーニにより、新属新種として本書で記載された。その後イスノキ属（*Distylium*）に分類される種は増え、東南アジアから東アジアと中央アメリカに分布する12種が認められるにいたっている。
　イスノキは高さ10m以上になる常緑高木で、関東南部以西に産し、済州島、台湾、中国大陸にも分布する。照葉樹林に生えるが、九州南部などではイスノキが優占するイスノキ林が発達する。建築材などへの利用のために伐採が進み、今では森林も個体数も減少した。
　イスノキには大きな虫こぶができる。図版の中心部分を占める枝の右側下方に描かれている、褐色の鞴状のものがそれである。シーボルトは覚書きで、「楕円形で全縁革質の葉が、ある種の未詳昆虫の刺し痕から膨らんで、大きさはときに直径4〜5インチ（約11〜14cm）にもなる、とても大きな虫こぶになってしまう。虫こぶは洋梨のかたちで、木質化している。虫こぶがついていない枝をみつけるのはまれである」と、正確にその特徴を記述している。虫こぶを吹くとヒョウとかヒュウと鳴るので、イスノキにはヒョンノキという方言名も知られている。

95　ミツバウツギ　　ミツバウツギ科

和名の記載なし
Staphylea bumalda (Thunb.) DC.

　ミツバウツギの仲間であるミツバウツギ属（*Staphylea*）は北半球に広く分布し、11種が含まれる。ヨーロッパにも1種が産する。ミツバウツギは日本全土に自生し、朝鮮半島や中国にも分布する。

　高さ3mほどになる落葉性の小高木で、疎林や林縁などに生える。花序を頂生する枝にはふつう2対の葉が対生してつく。もっとも枝のすべてが花序を頂生するわけではなく、花序を頂生しない枝も出る。葉は卵形で柄のある3つの小葉からなる。ミツバウツギの名は、ウツギに似た花をもち、葉が3つの小葉からなることに因む。花は5～6月に咲き、直立する5つの白色の花弁をもつ。果実は少し風船状に膨らみ、上部が2つまたは3つに裂ける。

　シーボルトはミツバウツギには関心がなかったようだ。和名の記載もないし、覚書きも記されていない。目にする機会がなかったのだろうか。それともこの属の1種がヨーロッパに産するので、詳しい説明を省いたのだろうか。

　図版は平面的で標本から描かれた感じがするが、川原慶賀と思われる日本人絵師の下絵にもとづいている。

STAPHYLEA Bumalda.

95 ミツバウツギ

STUARTIA monadelpha

96 ヒメシャラ

96　ヒメシャラ　　ツバキ科

Jama tsjà
Stuartia monadelpha Siebold & Zucc.
[*Stewartia monadelpha* Siebold & Zucc.]

　ヒメシャラはナツツバキの仲間の落葉高木で、高さは15mに達することがある。枝の生長により樹皮の色合いや毛の有無が変る。幹は赤褐色でつるつるしているが、次第に灰色がかった乳白色の斑紋を生じて離脱し、再び赤褐色となる。
　ナツツバキ属（*Stewartia*）は9種からなり、東アジアと北アメリカ東部に隔離分布する。東アジアと北アメリカ東部に隔離して分布する植物は、ナツツバキ属以外にもクジャクシダ、ルイヨウショウマ属、マンサク属など数多くある。これらの植物の存在は、両地域の植物相に類縁性があることを示すものである。
　ヒメシャラは箱根以西の本州、四国、九州に分布するが、中国地方には産しない。ヒメシャラの和名は、沙羅と誤認されたナツツバキに似ていて、より小さいことによる。幹がつるつるなことからサルスベリの方言名（同名異種あり）もある。花は葉腋につき、直径1.5～2cmで、5月頃に上を向いて咲く。

97　ビワ　　バラ科

和名の記載なし
Eriobotrya japonica (Thunb.) Lindl.

　ビワの仲間であるビワ属（*Eriobotrya*）には26種があり、ヒマラヤからスマトラ、東アジアにかけて分布する。ビワは東南アジアから東アジアの各地で果樹として広く栽培されており、日本では関東以西の本州、四国、九州に産する。しかしビワは日本には自生せず、古くに中国から渡来し、後に各地で野生化したものと推定されている。
　図版は慶賀の下絵によっているが、大幅な加筆が加えられている。下絵は花序を頂生する4葉をともなう枝と、2葉がついた果実の枝、2つの果実の拡大図、その他多数の解剖図からなる（巻末の解説参照）。採用されたのは花序をともなう開花期のものだが、枝の中部の輪生状の5葉は恣意的に描き加えられたものである。ビワではこのように葉が配置することはまずない。またそこに描かれた葉はほぼ全縁で、鋸歯が目立つビワの葉かどうかも疑わしい。
　どうしてこのような改変がシーボルトの目に疑われることなく通ってしまったのだろう。ビワ、それに先立つミツバウツギとヒメシャラにはシーボルトの覚書きがない。『日本植物誌』のこの部分が出版された1841年頃は、シーボルトはその時間も許されない状況下だったのだろうか。

ERIOBOTRYA japonica.

97 ビワ

KERRIA japonica.

98 ヤマブキ

98 ヤマブキ　　バラ科

Jama buki, ただし単重咲きを Hitoje jamabuki, 斑入品を Fuiri jamabuki, 八重咲きを Senjô jama buki と区別することがある。
Kerria japonica (L.) DC.

　ヨーロッパにもともと野生していたのかと思うほど、現在では観賞用にヨーロッパ中で広く栽培されている。中国と日本に分布し、日本では北海道から九州にいたる各地に産し、里山から低山地の林縁などに生える。ヤマブキには類似種はなく、1種でヤマブキ属（*Kerria*）を構成する。

　属名はイギリスのキュー植物園のガーデナーだったウィリアム・カー（William Kerr）に献名されたものである。ヤマブキは彼によって、1803年に中国からキュー植物園にもたらされた。つまり、ヤマブキはシーボルトの来日以前にヨーロッパに導入されていた。

　ヤマブキは落葉低木で、株元からよく分枝し、卵形の葉を互生する。野生品はふつう単重咲きで、5つの花弁をもつが、栽培品にはヤエヤマブキと呼ばれる八重咲きもある。

　図版はヤマブキのしなやかな感じがよく表現されており、出色である。図版右側の成葉を描いた枝を除く2枝は、おおむね慶賀の下絵に忠実にしたがっており、自然なしなやかさは慶賀に負っているといえる。下絵には他にフイリヤマブキを描いた1枝があったが、ヤマブキの図版からは削られ、次のシロヤマブキの図版に加えられている。

99　シロヤマブキ　　バラ科

Siro jamabuki
Rhodotypos kerrioides Siebold & Zucc.
[*Rhodotypos scandens*（Thunb.）Makino]

　ヤマブキにも似るが、葉や小枝が対生することや、花が4数性で、白色の花弁をもつなど、相違点も多い。図版はこうしたシロヤマブキの特徴を、野趣も合わせよく表出している。

　日本、朝鮮半島、中国に分布し、日本では中国地方に稀産するが、しばしば観賞用に庭園などで栽培される。

　落葉の小低木で、よく分枝し、対生する小枝を出し、ヤマブキにも似た卵形の葉を対生する。花は枝先に頂生してつく。4月または5月に咲き、4つの萼裂片と花弁をもつ。

　シロヤマブキには類似種がなく、1種でシロヤマブキ属（*Rhodotypos*）を構成する。同属は本書でシーボルトとツッカリーニが設立したものである。シーボルトの覚書きは、葉が対生し、花弁が4つあることなど、シロヤマブキの特徴を記している。

　なお図版中の左の図Ⅱは、慶賀のヤマブキの下絵にフイリヤマブキとして描かれていたものである。シーボルトとツッカリーニは図版の説明で、これがヤマブキであることにはふれていない。また、葉のみからなる右側の枝も互生葉をもち、ヤマブキのものである。

RHODOTYPOS kerrioides

99 シロヤマブキ

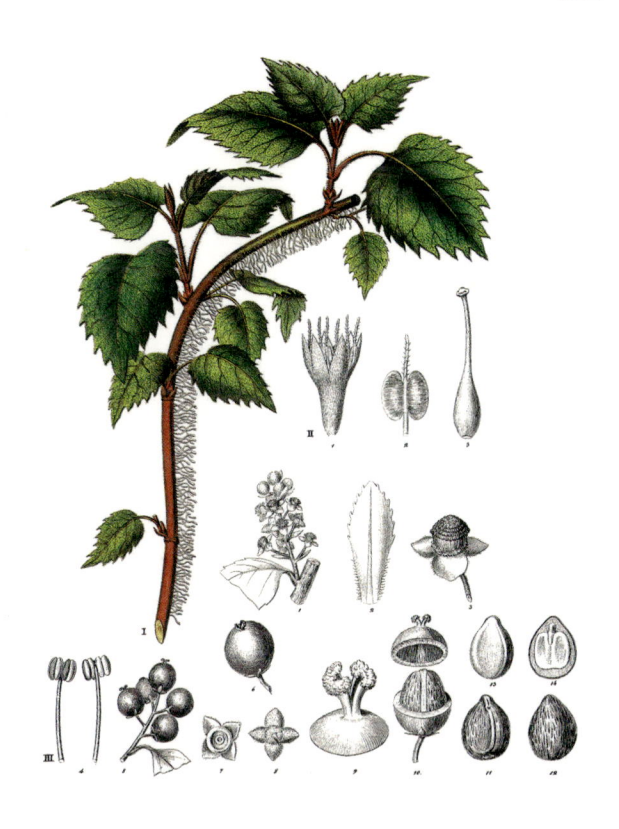

I. SCHIZOPHRAGMA hydrangeoides. II. TETRANTHERA japonica. III. HISINGERA racemosa.

100-I イワガラミ　／　100-II ハマビワ　／　100-III クスドイゲ

100-Ⅰ　イワガラミ　　ユキノシタ科

100-Ⅱ　ハマビワ　　　クスノキ科

100-Ⅲ　クスドイゲ　　ヤナギ科

　『日本植物誌』第1巻の最後の図版であるが、第1巻で取上げたイワガラミ（図版26）、ハマビワ（図版87）、クスドイゲ（図版88）を補足する解剖図などからなっている。
　Ⅰは、無数の根を生じたイワガラミの匍匐枝である。図版26では花序をともなう枝を中心に描いたため、こうした部分が欠落してしまった。Ⅱはハマビワの雌花の解剖図である。Ⅲはクスドイゲの花の解剖図で、ビュルガーが採集した標本によっている。ビュルガー（Heinrich Bürger、1806-58年）はシーボルトが助手として日本に呼んだ、自然史に造詣の深いドイツ人である。シーボルトの帰国後、シーボルトの後任として動植物や鉱物などの収集を積極的に行い、日本の自然史標本の充実に大なる貢献を果たした。彼の収集した植物標本は質もよく、かつ量的にも膨大で、オランダ国立植物学博物館ライデン大学分館に収蔵されるシーボルト植物標本コレクションの中核をなしている。
　ビュルガーはシーボルトの妻タキ（滝）の姉、ツネ（常）と結婚し、シーボルト帰国後タキの生活と子イネ（稲）の養育の面倒をみた。離日後はヨーロッパには帰らず、インドネシアのジャワ島に永住した。

101　コウヤマキ　　コウヤマキ科

Kôja maki
Sciadopitys verticillata (Thunb.) Siebold & Zucc.

　第2巻巻頭を飾るにふさわしい日本特産の針葉樹である。コウヤマキの祖先と推定される種は、今から2億年以上も遡る三畳紀に出現した。地上を恐竜が跋扈（ばっこ）する以前である。
　コウヤマキは針葉樹中でもかなり特殊な構造を有しており、単独でコウヤマキ属、コウヤマキ属のみでコウヤマキ科を構成する。コウヤマキ属（*Sciadopitys*）はシーボルトとツッカリーニにより本書で発表された。なお種子植物の多くの分類体系が採用する科のうち、日本に固有なものはコウヤマキ科だけである。
　葉は長枝に互生する短枝に輪生様につく。その葉のつき方が傘の骨のようにみえるところから、傘松を意味する英名の umbrella pine が生まれた。
　コウヤマキの真正の葉は子葉に続いて出るだけで、枝に輪生様につく '葉' は葉状となった茎（cladode）だが、ここでは便宜的にこれを葉と呼ぶ。葉は長さ 6〜12 cm、表面は深緑色で、表裏面とも中肋部分は窪むが、裏面の中肋部分は気孔帯となり白色を帯びる。松かさ（毬果（きゅうか））は長さ 6〜10 cm で、熟して褐色となる。　　220 ページにつづく⇨

SCIADOPITYS verticillata.

101 コウヤマキ

SCIADOPITYS verticillata.

102 コウヤマキ

102　コウヤマキ

　コウヤマキは福島県以西の本州、四国、宮崎県以北の九州に分布する。和名は紀伊半島の高野山に多産することによっている。一方古くから長野県木曾地方で用材としての価値が認められ、木曾五木のひとつに数えられた。耐水性にすぐれた材は、船材、風呂桶、碁盤や将棋盤などに利用される。また樹皮は船舶や桶などの水洩れを防ぐ槇肌に利用した。

　樹姿がすぐれ、観賞用に庭園などに栽植される。1861年、イギリスのヴェイチが種子を日本から入手し育てたものが、ヨーロッパで育った最初のコウヤマキであるらしい。

　図版101は、短枝に輪生する葉をもつ枝を中心に、下部には、左側から枝の先端部分につく未展開の葉、葉の表裏面の断面図、奇形的な葉の裏面が描かれている。図版102は同様に葉を輪生する枝を中心に描かれるが、下方に挿入された解剖図は松かさなど生殖器官のものである。

103　コウヨウザン　　ヒノキ科

Liùkiù momi, Olanda momi
Cunninghamia sinensis R. Br.
[*Cunninghamia lanceolata* (Lamb.) Hook.]

　コウヤマキから始まる第2巻は、その多くが針葉樹に割かれている。共著者のツッカリーニは、シーボルトと共同して日本植物の研究を行う一方で、針葉樹の形態についての研究も進めており、彼の日本産針葉樹への関心も高かったにちがいない。ツッカリーニも本書刊行途上の1848年に、シーボルトを追うように亡くなったため、第2巻は第5分冊を刊行した1844年以降、刊行は中断してしまった。その後ミクェルが残された図版や遺稿を整理し、1870年に第6〜10分冊をまとめて刊行して完結させた。

　コウヨウザンを含むコウヨウザン属（*Cunninghamia*）は、東アジアに分布する2種、コウヨウザンと台湾に産するランダイスギから構成される。コウヨウザン（広葉杉）は中国原産の常緑高木で、高さ20mに達する。日本には江戸時代に渡来し、寺院などに栽植された。

224ページにつづく⇨

CUNNINGHAMIA sinensis.

103 コウヨウザン

CUNNINGHAMIA sinensis.

104　コウヨウザン

104　コウヨウザン

　ヨーロッパでは、ヤマブキの属名に名を残すウィリアム・カー（212ページ参照）が1804年にキュー植物園に導入したのが最初であろう。シーボルトは覚書きで、これが瞬く間に大陸にも広がり、今ではヨーロッパの温暖な気候の国でかなり頻繁に見かけるようになっている、と書いている。

　原産地の中国では重要な用材とみなされ、杉(サン)といえば本種を指す。シロアリに強く、建築や家具、船舶、箱物、桶などに利用された。

　樹皮はスギによく似るが、葉は長披針状線形で、細長く、湾曲し、長さ3〜6cmになり、枝に互生につく。葉の縁には微細な鋸歯があり、裏面には2条の白色の気孔帯がある。松かさ（毬果）は長さ3〜5cmになる。

　図版103は雄性の毬果を先端に生じた枝と、下方に配された雄性の毬果の拡大図や解剖図からなる。図版104は枝頂に雌性の毬果をともなう本体と、葉の表・裏を示す拡大図、雌性の毬果の解剖図を下方に配する。

105　カラマツ　　マツ科

Fuzi matsu, まれに Karamats, Kúi はアイヌ語名か？
Abies leptolepis Siebold & Zucc.
[*Larix kaempferi* (Lamb.) Carr.]

　日本に産する針葉樹中、唯一の落葉性の種である。カラマツは日本の固有種で、本州の宮城・新潟県以南から中部山岳地域に自生するが、現在では各地で広く植栽され、自生かどうか判然としない場合もある。

　高さ25mに達するものもある。樹皮は暗灰色で、長い破片となり剝がれる。枝には長枝と短枝の別があり、葉は長枝ではらせん状、短枝では20〜30が束生してつく。

　シーボルトは、ツュンベルクがそうであったように箱根で、単独またはブナやコナラと一緒に小さな群落をつくって生えていたカラマツをみたと覚書きで書いているが、『江戸参府紀行』にはその記述は見当たらない。もっとも後者は目にした植物を全部記録しているわけではないから、両者に齟齬があるというわけでもない。

　シーボルトとツッカリーニはここでカラマツに*Abies leptolepis*の学名を与えて記載したが、マツ属を中心に針葉樹を研究したイギリスのランバートはそれよりも早く、ケンペルのコレクションにもとづいて*Pinus kaempferi*という学名を発表していた。後者の学名にもとづく*Larix kaempferi*が、カラマツの命名上の正しい学名となる。

ABIES leptolepis.

105 カラマツ

226

ABIES Tsuja.

106 ツガ

106 ツガ　　マツ科

Tsuga, Toga matsu
Abies tsuga Siebold & Zucc.（図版 106 には *Abies tsuja*）
[*Tsuga sieboldii* Carr.]

　福島県以西の本州、四国、九州に自生し、しばしば山地中腹の急斜面に森林をつくる。鬱陵島(ウルルン)にも産する。常緑の高木で高さ 20 m 以上になり、樹皮は赤味を帯びた灰褐色。
　ツガ属（*Tsuga*）は 10 種あり、ヒマラヤから東アジアにいたる日華植物区系区と北アメリカに隔離分布する。日本にはツガとコメツガの 2 種を産する。コメツガはツガに似るが、ブナやミズナラからなる山地林上方の亜高山針葉樹林に生え、若枝に短毛を生じ、松かさ（毬果）は長さ 1.5 〜2 cm になる。ツガは照葉樹林と山地林の中間地帯に生え、枝は若いときから無毛で、毬果は長さ 2.5 cm である。
　シーボルトは覚書きで、ツガが「陸奥と出羽の山間地域に生えている。2 変種が知られており、そのひとつはとても短い葉でそれと見分けがつく。ヒメツガという命名はここからきている」と書いている。ツガは福島県以西に分布する針葉樹であり、この産地情報は正しくない。門人が誤って伝えた可能性もある。ライデンや、ツッカリーニが研究を行ったミュンヘンの自然史博物館には、ヒメツガとされる植物の標本はなく、その正体は不明である。

107　モミ　　マツ科

Tô momi
Abies firma Siebold & Zucc.

　常緑の高木で高さ35m以上になることもある。岩手・秋田県以南の本州、四国、九州に分布し、低山に生え、しばしばモミ林をつくる。
　モミは北半球の温帯から亜寒帯に広く分布するモミ属（*Abies*）の1種である。日本にはモミ属に分類される種が5種あるが、地理的な分布範囲や出現する高度が種毎に異なる。本州ではモミの立地の標高がいちばん低く、ウラジロモミがその上方を占め、シラビソとオオシラビソ（アオモリトドマツ）がさらに上方の高山帯に接する高さに出現する。モミは若い枝に毛を生じるが、毬果を構成する種鱗の外面は無毛で、苞鱗は種鱗の合わせ目から先端部分が突出してみえる。ウラジロモミは枝がまったく無毛なことや、苞鱗が外部に突出しないこと、葉の裏面に幅広い白色の気孔帯があるため白色にみえるなどの特徴をもつ。苞鱗が外に突出しないのは、シラビソやオオシラビソも同様である。
　モミ属は世界に約40種あり、ヨーロッパにも産することから、シーボルトにも馴染み深い針葉樹であったにちがいない。覚書きでも、ヨーロッパ産のヨーロッパモミ（*Abies alba*）に似ていると書いている。

ABIES firma.

107 モミ

ABIES homolepis.

108 ウラジロモミ

108　ウラジロモミ　　マツ科

Sjura momi, Ûra siro momi
Abies homolepis Siebold & Zucc.

　本州の福島県以西から中部地方と紀伊半島、四国に自生し、長野県などの内陸部ではウラジロモミ林をつくる。常緑高木で高さは30〜40 mになる。樹皮は灰色または灰色を帯びた褐色で、樹皮は鱗状に剝がれる。
　シーボルトは庭園で植えられているウラジロモミをみたが、それは高さが10 mほどのものであった。覚書きには、尾張の本草学者水谷豊文（助六）と伊藤圭介の心遣いによって、彼らが尾張で採集した標本を手に入れることができた、とある。オランダ国立植物学博物館ライデン大学分館には、彼らが採集したとおぼしき標本が保管されている。
　図版108はいくつかの標本にもとづいて作成された。図版に下垂したかたちで描かれている雌性の毬果は、水谷らが採集したであろう標本によっている。ウラジロモミも含め、モミ属の雌性の毬果は直立して枝につき下垂しないが、準拠した標本が図版のような毬果をもつものだったために、結果として誤りを生んでしまった。

109　モミ　　マツ科

Saga momi
Abies bifida Siebold & Zucc.
[*Abies firma* Siebold & Zucc.]

　図版107で取上げたモミの再登場だが、シーボルトらは両者を別種とした。シーボルトはその覚書きで、「我々がこのモミをみたのは栽培されたものだけであり、それも残念なことに、花も毬果もつけていないものであった。また、我々が日本の友人たちからもらったものも、葉のついただけの標本である。しかしいずれにせよ、葉の先が2つに鋭く切れ込むことによって、近縁種から区別される」と書く。

　モミの若い株の葉は、シーボルトが指摘するように、先が2裂する。日本産のモミ属の他種には見出せない、モミだけの特徴で、モミの若木を他のモミ属の種から識別するのは容易である。

　図版は慶賀と思われる日本人絵師の下絵によっているが、右側の枝は下絵にはないものであり、標本から新たに描かれたのだろう。

　図版107の覚書きでシーボルトは、用材として、モミが第5位を占めると書く。「指物師や樽屋はよく使うが、建築用材としてはそれほどではない。特に、日本の漆器を納めるさまざまな大きさの箱をつくるのに使われる」という。

ABIES bifida.

109 モミ

ABIES jozoensis.

110 エゾマツ

110　エゾマツ　　マツ科

Jezo-matsu, アイヌ語名は Sjung または Sirobe
Abies jezoensis Siebold & Zucc.
[*Picea jezoensis* (Siebold & Zucc.) Carr.]

　シーボルトの覚書きによると、江戸滞在中に、御典医であった桂川甫賢(かつらがわほけん)を通じて、大名屋敷で植栽されている株から毬果をともなう枝を入手し、これとは別に材の標本を最上徳内(とくない)から寄贈された。徳内は、北海道でアイヌの人々が、本種で家具をつくったり、また軽さを活かして矢を作ることをシーボルトに伝えたのだろう。

　エゾマツはトウヒ属（*Picea*）の1種で、7種ある日本産の他種からは、葉の断面が菱形にならず扁平なことで区別される。中国東北部、朝鮮半島、沿海州、樺太、北海道、千島、カムチャッカに分布し、北海道では材は建築や建具用材などに利用する。

　本州中部地方や紀伊半島の亜高山帯には変種のトウヒ（*Picea jezoensis* var. *hondoensis*）がある。エゾマツに比べ、葉や毬果が小さい。

　図版は慶賀の下絵にもとづく。ライデン大学には「エゾ島」と書かれた、下絵のもとになったと思われる標本がある。

111　ハリモミ　　マツ科

Toranowo, Toranowo momi
Abies polita Siebold & Zucc.
[*Picea polita* (Siebold & Zucc.) Carr.]

　ハリモミはエゾマツと同じトウヒ属の常緑高木である。高さはときに30mにも達する。福島県以西の本州、四国、九州に分布する。富士山麓のハリモミの純林などは名高いが、多くは純林をつくることなく、他の樹種と混生する。
　樹皮は灰褐色または灰黒色で、不ぞろいな鱗片状となって脱落する。葉は線形で、ふつうわずかに湾曲し、先は鋭く尖り、断面は菱形となる。
　毬果は10月頃に熟し、黄緑色で、長さ9cmほどになる。材は建築や建材などに利用される。
　覚書きでシーボルトは、その樹姿や毬果がヨーロッパ産のドイツトウヒ（*Picea abies*）を彷彿とさせるものであったと記す。また、ハリモミが出羽と陸奥の国境に沿って本州の北海岸側に広がっていると書く。さらに、信頼できる日本人の報告によれば、千島列島でもこの木をみることができるそうだと記す。実際には出羽と陸奥の国境までハリモミは分布しない。その地が産地として有名なのはヒバであり、この報告はヒバを誤認したものか。ハリモミは千島列島にもなく、これも本種によく似たエゾマツやアカエゾマツなどの誤認であろう。

Tab. III.

ABIES polita.

111 ハリモミ

238

PINUS densiflora.

112 アカマツ

239

112　アカマツ　　マツ科

Me matsu, Aka matsu
Pinus densiflora Siebold & Zucc.

　アカマツとクロマツは日本にふつうの樹種で、ともにマツ属（*Pinus*）に属する。マツ属は北半球に広く分布し、100種ほどあるが、日本には7種が産する。

　アカマツの名は、樹皮がやや灰色がかるものの赤色であることによる。北海道から九州の屋久島まで分布し、朝鮮半島や中国東北部にも産する。

　常緑の高木で高さ30 mに達することもある。樹皮は亀甲状にひび割れる。葉は2つが束となって短枝につき、長さは7〜10 cmである。開花は4〜5月で、毬果は翌年の10月頃に熟す。

　ヨーロッパに広く分布するヨーロッパアカマツ（*Pinus sylvestris*）はアカマツに似ている。しかし前者は葉が灰緑色で若い枝は緑色であり、葉が深緑色で若い枝が褐色のアカマツから容易に区別できる。

　アカマツに深い関心を寄せていたシーボルトは、大坂から江戸への道中で、アカマツとクロマツのマツ林が水田の間に小さなオアシスのようにこんもりと繁っていたことを、印象深げに記している。また、アカマツに寄生して生えるマツタケが美味で珍重されることにもふれている。

113　クロマツ　　マツ科

Wo matsu, Kuro matsu
Pinus massoniana Siebold & Zucc.
[*Pinus thunbergii* Parl.]

　シーボルトは、クロマツがあらゆる針葉樹のなかで日本に一番広くみられる種だと思ったと覚書きに記している。それは本来自生しない場所にも、植栽を通じて自然状態で生えているからだともいう。
　シーボルトは民俗学的な視点からもクロマツをとらえ、民衆の生活でクロマツがたいへん重んじられているが、それはこの木に長寿をもたらす力があるとする寓話、奇蹟譚、偏見の類があるためであり、またクロマツが装飾に用いられると同時に、儀式や民衆の祭りで宗教的なシンボルとして用いられるためでもあると述べている。さらに、「日本人の住むところ必ずこの木がある。クロマツすなわち雄マツとウメは、御所の前に永遠の象徴として植えられている。小さなクロマツ林が神社の周りを囲むようにある。また、前庭にある小祠や、家に接した庭にも植えられる。クロマツの枝は、祭りのときは玄関や客間を飾り、陰鬱な死者の住処に光彩を添えるにふさわしい花々と一緒に、墓の台石にある花瓶に活けられる。絵画では、聖なる鶴がマツを背景に描かれるが、これは幸福と長寿を象徴的に表している」等々、記述は詳細をきわめる。　　244ページにつづく⇨

PINUS Mafsoniana.

113 クロマツ

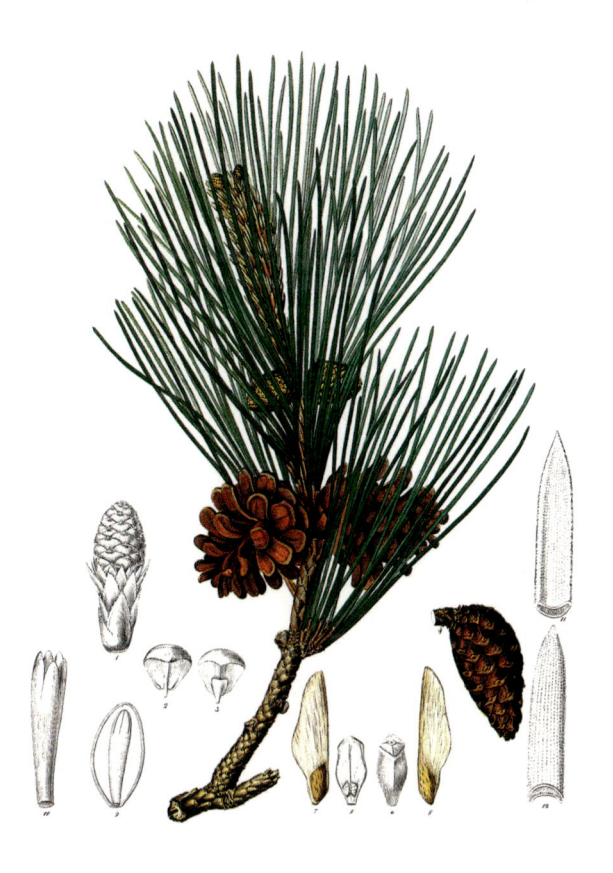

PINUS Matsoniana.

114 クロマツ

クロマツ

　クロマツは青森県以南の本州、四国、九州、吐噶喇列島に分布し、朝鮮半島南部にも産する。江戸時代の化政年間、シーボルトが書くようにクロマツは日本でもっとも多産する針葉樹だったのだろうか。今日のスギを想像させるように、いたるところクロマツが植えられていたのだろうか。アカマツに比べ、クロマツは西日本に多い傾向がある。九州、とくに長崎周辺ではアカマツを圧倒する。実際に、出島から鳴滝を行き交うシーボルトの視界から、クロマツが消えることはなかったのだろう。

　マツは長寿と繁栄のシンボルであり、正月や結婚式など慶事の際には必ず飾るものであった。神事との結びつきも強く、そのひとつにマツの木への神の影向がある。影向とは神が人にみえるように姿を現すことをいう。影向のマツは各地に多いが、有名なのは春日大社の影向松である。神の来臨を望むときにはマツを供える。また、マツはこの世とあの世との境界に立つ境木であるとも考えられていた。

　シーボルトの覚書きは、こうした日本人のマツへの関わりを伝えるものであり、他にはみない筆力さえ感じる。

115　ゴヨウマツ　　マツ科

Gojo no matsu, アイヌ語名は Tsika fup
Pinus parviflora Siebold & Zucc.

　ヒメコマツともいう。北海道南部から九州に分布し、山地の土壌層が薄いか、土壌の栄養分の乏しい立地に生える。観賞のために庭園などで栽培されることも多い。

　常緑の高木で、高さは 20 m くらいになる。樹皮は暗い灰色で、不ぞろいの薄い鱗片となって剥がれ、若枝にはふつう黄褐色の短毛が生える。葉は 5 つが短枝に束状になってつき、長さは 3〜6 cm になる。毬果は長さ 5〜8 cm で、開花翌年の 10 月頃に熟する。

　シーボルトは覚書きで、自ら箱根でこれをみたと記している。また、材を指物細工やろくろ細工に用いるとも書いている。

　図版には日本人絵師による下絵は見当たらない。左下の毬果は、版下ではチョウセンマツにあったものであり、ゴヨウマツの版下図にあった毬果は逆にチョウセンマツに移された。しかし、ゴヨウマツの毬果の形状はチョウセンマツに移されたものの方に近い。何らかの理由で、誤って入れ替わってしまったのだろう。

PINUS parviflora.

115 ゴヨウマツ

PINUS. koraiensis.

116 チョウセンマツ

116　チョウセンマツ　別名 チョウセンゴヨウ　　マツ科

Wumi matsu
Pinus koraiensis Siebold & Zucc.

　中国東北部、ウスリー地方、朝鮮半島から日本に分布する。日本では本州中部と四国の東赤石山(ひがしあかいしやま)に産する。観賞のため広く庭園などで栽植もされる。
　常緑の高木で、高さは30 mになることもある。幹は暗灰色または灰褐色で、樹皮は薄片になって剝がれる。若い枝には赤褐色の軟毛がある。葉は長さ7〜12 cmで、5つが短枝に束生する。毬果は開花翌年の10月頃に熟し、長さ9〜15 cmになる。
　シーボルトは、このマツは高麗から日本に移入されたものと考え、覚書きでもそのように書いている。実物をみたシーボルトは前種、つまりゴヨウマツにそっくりだとも述べている。実際にゴヨウマツとチョウセンマツは姿かたちが類似しているが、種子の大きさと形状が異なる。ゴヨウマツの種子は長さ1 cmくらいで、上半分ほどは翼となっている。一方、チョウセンマツの種子はやや大きめで長さ1.2〜1.5 cmはあり、翼がない。また若い枝の毛がゴヨウマツでは黄褐色、チョウセンマツのそれは赤褐色である。

117　イトヒバ　　ヒノキ科

Ito sugi, Itohiba, Hijoku hiba, Sitare hinoki
(矮性品は Fime muro)
Thuja pendula（Thunb.）Siebold & Zucc.
[*Thuja orientalis* L. 'Flagelliformis']

　枝が異常に長く伸長する、コノテガシワの栽培品種で、観賞用に庭園などで栽植される。常緑の低木または小高木で、高さはふつう3m以下である。

　シーボルトは覚書きで、「枝は細長く糸状でほとんど地面まで垂れ下がる。十分に生長してよく枝分かれした木はモクマオウを想わせる。日本人はかなりの数の変種（栽培品種のこと）を区別しているが、とりわけ葉の白さがさまざまである変種を区別する。その優雅なたたずまいゆえに、しばしば鉢植えで盆栽として栽培されるが、種子からでも挿し木によっても殖やすことができる。針葉樹類、なかでもとくにヒノキ類やコノテガシワ類の繁殖は、日本でもやはり特殊なやり方で行われている。野生の台木の内部に殖やす木の若枝か芽を入れ、切り口に注意深く布を巻きつける。この方法は日本では'接ぎ木'という。'接ぎ'というのは繋ぐことを意味し、'木'は樹木のことである」と述べ、コノテガシワに多数の栽培品種が存在したことと、繁殖の方法として接ぎ木が行われていたことを説明する。接ぎ木は当時の日本の園芸技術の高さを誇るものである。ヨーロッパではまだ普及していなかったのである。

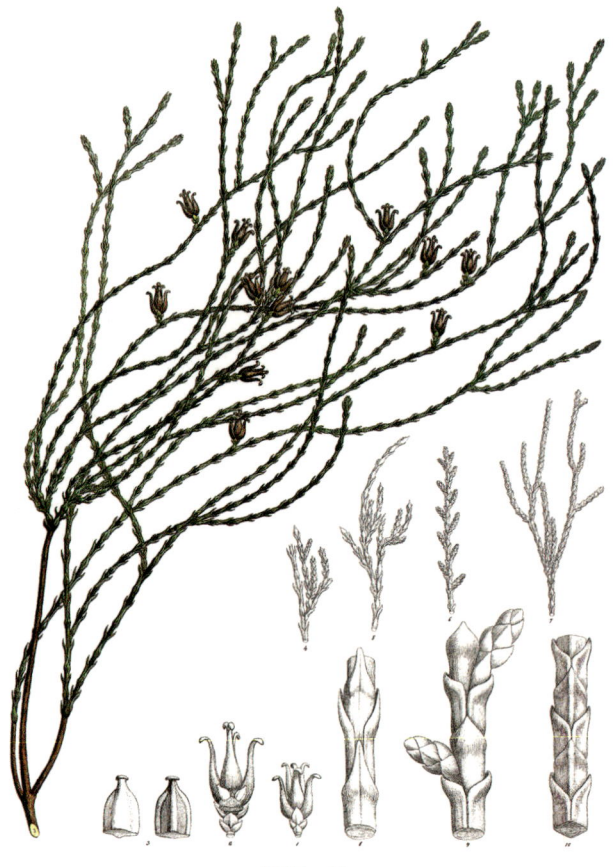

THUJA pendula.

117 イトヒバ

THUJA orientalis.

118 コノテガシワ

118　コノテガシワ　　ヒノキ科

Konotega Siwa
Thuja orientalis L.

　常緑の低木または小高木で、古くから東アジアで観賞のため庭園などに栽植されてきたため、本来の自生地の特定はむずかしい。中国の蘭州以東、ロシア極東地域、朝鮮半島を自生地とみるのが現在の大勢である。中国の四川省や雲南省にもあるが、栽培からの逸出であろう。覚書きでシーボルトは、コノテガシワが日本の本州と四国に自生するように書いているが、日本には江戸時代に渡来した。
　常緑の高木で高さは20mになる。枝葉は扁平で、込み合って枝分れする。若い木や枝では垂直的に伸長し、表裏の差が目立たない。葉は鱗片状で長さは1.5〜2mmである。毬果は枝先につき、開花年の秋に熟す。
　オランダのライデン大学植物園には、1713年以前に植えられたコノテガシワがある。ケンペルが日本から導入したものと推定されている。コノテガシワは生物分類学の創始者であるリンネによって *Thuja orientalis* と命名された。命名に先立ち、リンネは1738年に出版された自著『クリフォート邸植物誌』でコノテガシワを記載しているが、リンネの研究に用いられたのは日本から渡ったこの木であった可能性が高い。

119　アスナロ　　ヒノキ科

Asu naro, Asufi, Hiba
Thujopsis dolabrata (Thunb.) Siebold & Zucc.
[*Thujopsis dolabrata* (L. f.) Siebold & Zucc.]

　アスナロは外見がヒノキに似てみえなくもない。アスナロは、材価の高いヒノキに比べ材質が多少劣り、ヒノキほどには高価では売れなかったため、'明日はヒノキになろう' という願望からアスナロの名が生まれたという。

　常緑の高木で、高さは 30 m、直径 1 m にもなる。樹皮は灰褐色で、縦方向に細長く小さく裂けて剝がれる。

　アスナロは本州、四国、九州に分布し、山地の日当たりの悪い北向き斜面などに生え、ときには純林となる。古くから観賞用に庭園に栽植もされてきた。なお、北海道の渡島半島南部以南、本州の栃木県・能登半島以北には、毬果の種鱗のかたちが異なる変種ヒノキアスナロ、別名ヒバ（アスナロにもこの名が用いられることがある）が自生し、アスナロ同様に建築材など広い用途に利用される。

　アスナロはヒノキに似ているが、毬果は卵形で球形とはならず、その種鱗はやや扁平な楕円形で、立体的な楯形にはならないなどの特徴をもち、1種のみからなるアスナロ属（*Thujopsis*）に分類される。同属は本書でシーボルトとツッカリーニによって発表されたものである。

　　　　　　　　　　　　　　256 ページにつづく⇨

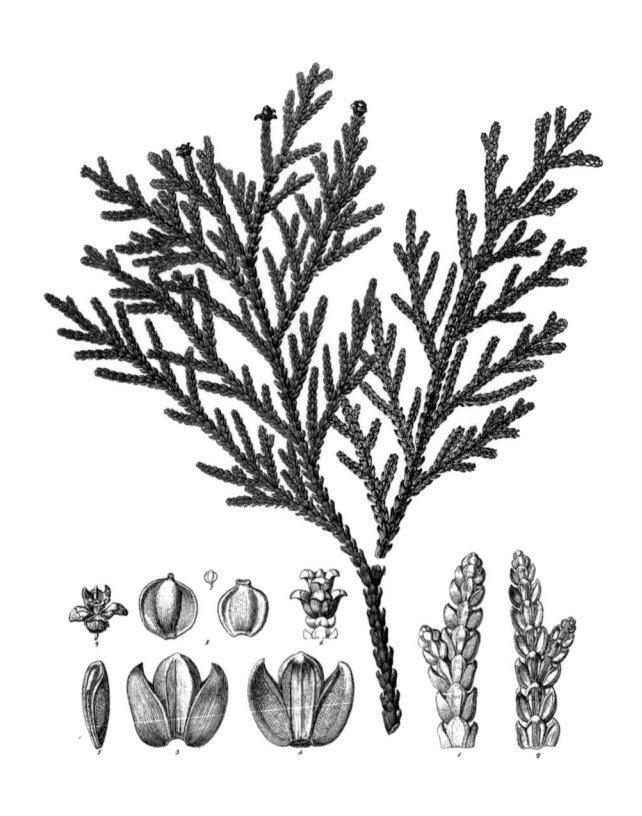

THUJOPSIS dolabrata.

119 アスナロ

THUJOPSIS dolabrata.

120　アスナロ

120　アスナロ

　枝は多数つき、水平に広がり、よく分枝する。葉は鱗片状で、十字対生し、枝に密着する。長さは4〜5mmになり、葉先は尖らず鈍頭で、裏面の白色の気孔帯が目立つ。葉形には2型あり、枝の側面につく葉は舟形をした卵形または卵状披針形、表裏側のものは倒卵状長円形あるいは舌形である。

　シーボルトは覚書きで、「アスナロはとても背丈の高い木で、堂々たる姿をしている。ピラミッド形の梢は、開出した枝や下垂した枝によってかたちづくられている。本州の山地、それも主として箱根山系に自生し、とくに谷あいの湿潤な斜面に生えている。木材は建築材としてとても珍重される。日本人は観賞植物としても好んで庭で栽培し、高さ3〜6フィート（0.98〜2m）の低木状に仕立てる。この低木は、大きくならないように、種子からではなく挿し木によって繁殖させる。一層葉がほっそりした変種もあり、これはネズという名で呼ばれて区別されている」と書く。

　おおむね的を射た記録といえる。ここでいうネズとは変種のヒノキアスナロのことであろう。

121 ヒノキ　　ヒノキ科

Hinoki
Retinispora obtusa Siebold & Zucc.
[*Chamaecyparis obtusa* (Siebold & Zucc.) Siebold & Zucc. ex Endl.]

　覚書きでシーボルトは、ヒノキは森にとって誇りとなる木という、ある日本人の考えを紹介する。さらに筆は、日本人がヒノキを太陽の女神（天照大神のこと）に捧げるにふさわしい木と考えているが、それは日光に照らし出されたヒノキがじつに堂々たる外観を呈するだけでなく、材も白く、きめ細やかで緻密であり、絹のような光沢さえもつからだと述べている。女神を祭る神社がヒノキでつくられることにもふれている。文化の伝播にともない、全国津々浦々に建つ神社や屋敷の小祠の周りなどには必ずヒノキが植えられていること、また、高い材価から山間の重要な商品となっていて、川に沿って大量に集積されたヒノキの梁材や板材をみたことを紹介している。

　シーボルトのこの記述は、未だに欧米人のヒノキについての認識の基礎になっているといえる。

　シーボルトとツッカリーニは、本書でヒノキとサワラにたいして新属 *Retinispora* を提唱したが、それよりも2年早く、スパッハが *Chamaecyparis* という新属名を発表していた。シーボルトらの属名はこの異名となり今は使われない。

RETINISPORA obtusa.

121 ヒノキ

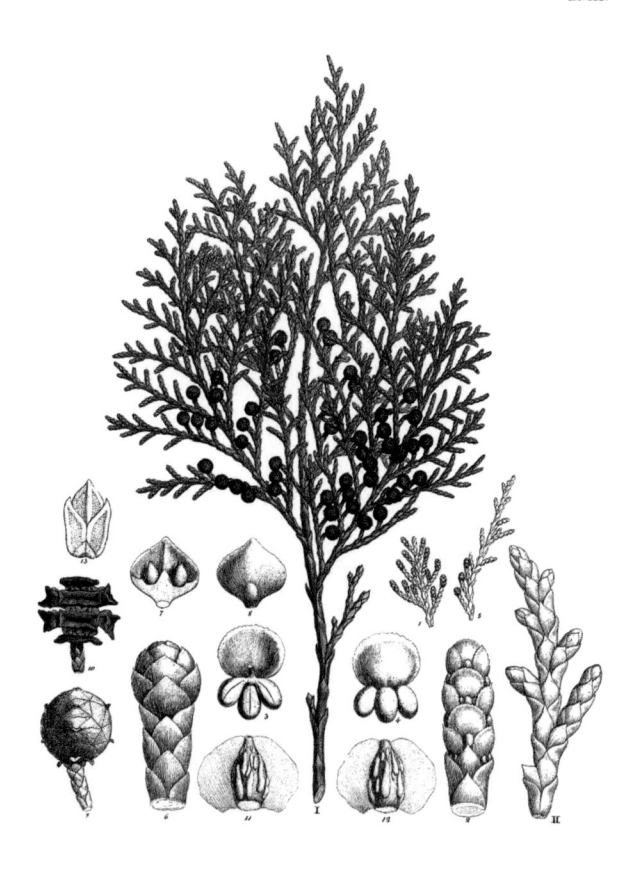

RETINISPORA pisifera.

122 サワラ

122　サワラ　　ヒノキ科

Sawara
Retinispora pisifera Siebold & Zucc.
[*Chamaecyparis pisifera*（Siebold & Zucc.）Siebold & Zucc. ex Endl.]

　常緑の高木で、ヒノキ同様に高さ30m、直径1mに達する。ヒノキが福島県以南の本州、四国、九州に自生するのにたいして、サワラは岩手県以南の本州と九州に分布し、四国には自生はみられない。

　樹皮はヒノキ同様に灰褐色または赤褐色で、縦方向に細かく裂けて剝がれる。枝はよく分枝し、水平に広がる。葉はヒノキ同様に、長さ3mmほどの鱗片状で、枝に十字対生するが、かたちがヒノキとは異なる。ヒノキの葉は先が鈍形で、尖らず、背面に腺点がない。枝の側面につく葉の先は内側に曲がる。また、裏面の気孔帯は大部分が葉の合わせ目にあるため、その部分を除き緑色である。一方、サワラの葉は先が鋭形で尖り気味となり、背面に腺点がある。枝の側面につく葉の先は外側に開く。気孔帯は裏面に一様に分布するため、白色にみえる。

　材はヒノキよりも軽く脆いため、建材には向かないが、耐水力があり、桶などに利用された。ヒノキ同様に観賞用に多数の栽培品種が作出されてきた。

123　ヒムロ　　ヒノキ科

Sinobu hiba
Retinispora squarrosa Siebold & Zucc.
[*Chamaecyparis pisifera* (Siebold & Zucc.) Siebold & Zucc. ex Endl. 'Squarrosa']

　ヒムロはサワラの栽培品種で、ヒムロスギともいう。常緑の高木で、高さは5〜10mになる。葉は鱗片状ではなく針状となり、一見スギの葉を思わせる。葉の表面は青緑色、裏面が銀白色となる特徴をもつ。
　「細い枝が密生して垂れ下がるこの美しい小木は、南日本の肥後地方に位置する'スケヤマ'の森に自生している。出島の植物園で栽培したところ、4年間で5フィート（1.6m）の高さになり、すでに'花'と果実をつけ始めてさえいる。葉に白い斑のある、特別に珍重される変種が知られており、また別に我々は、枝と葉がきわめてほっそりとした変種があることを、尾張の伊藤圭介から教えてもらった」。
　このシーボルトの覚書きは、サワラの栽培品種ヒムロの出自と生長の速さ、ヒムロに似た他の栽培品種の存在にふれる。枝と葉が一層ほっそりとした変種というのは、ヒヨクヒバと呼ばれるものであろう。

RETINISPORA squarrosa.

123 ヒムロ

CRYPTOMERIA japonica.

124 スギ

124, 124b　スギ　　ヒノキ科

Sugi
Cryptomeria japonica L. f.
[*Cryptomeria japonica* (L. f.) D. Don]

　スギは本州、四国から九州の屋久島にかけて分布するが、よく似たものが中国にもある。同種とするか別種とするか、見解が分かれる。スギにもとづいて設立されたスギ属（*Cryptomeria*）は30属あるヒノキ科の属のひとつで、中国南西部に自生するスイショウ（*Glyptostrobus pensilis*）に近縁である。

　常緑の高木で、各地に高さ40m、直径2mにもなる巨木がみられる。幹はまっすぐにのび、樹皮は赤褐色で、ときに暗灰色を帯びることもあり、縦方向に細長い薄片となって裂け、剝がれ落ちる。斜上または水平に多数の枝を出し、円錐形の樹形をつくる。葉は鎌状針形で、多少湾曲する。長さ4〜12mmで、先はやや尖り、基部は太くなって茎に沿下して合着し、枝とともに落下する。開花はふつう3〜4月で、雄の毬花からは多量の花粉が放出され、花粉症を誘発する。雌の毬果は同年の秋に熟し、長さ2〜3cmになる。

　図版124には慶賀が描いた下絵が改変されて利用されている。124bの下絵と考えられる日本人絵師の作品は見当たらない。

次ページにつづく⇨

屋久島には樹齢が千年を超える老樹もある。スギには自然林もあるが、大半は人工林である。スギの植林地は、今日の日本での森林面積中もっとも広い範囲を占める。材は建築、船舶、桶樽、土木、器具などに用いられるが、建築材としてはヒノキに劣る。神道を中心に日本の文化との結びつきも強く、神域に植えられることが多い。

シーボルトの覚書きではスギの項が最も長く、10ページ近くに達する。唯一シーボルトの署名があり、1865年7月という日付も加えられている。自著『日本』でのチャ（茶）に比肩すべき力作である。筆先は種々万般に及び、例えば「江戸の著名な絵師である北斎は、『北斎漫画』と題する作品集で、古いスギを描いたたいへん正確な木版画を発表している」などの記述もみる。

この覚書きは彼の2度目の訪日後に書かれたものである。文中にも再来日時に多良岳などを訪問したことが記されていて、上記の日付は正確なものと判断されよう。再訪では、知り合った狩野派の画家清水東谷が、スギの様々な栽培品種を納めた1点の作品をシーボルトのために描いている。

この覚書きはシーボルトが没するおおむね1年前のものということになる。覚書きは老いてなお日本の植物の導入に情熱を燃やすシーボルトの姿を髣髴とさせてくれる。日本でスギに魅せられたシーボルトは、当時すでにヨーロッパに導入されていた中国からのスギではなく、日本からのスギでヨーロッパに杉林を生み出す可能性を探っている。シーボルトはミュンヘンで1866年10月18日に亡くなった。70歳だった。

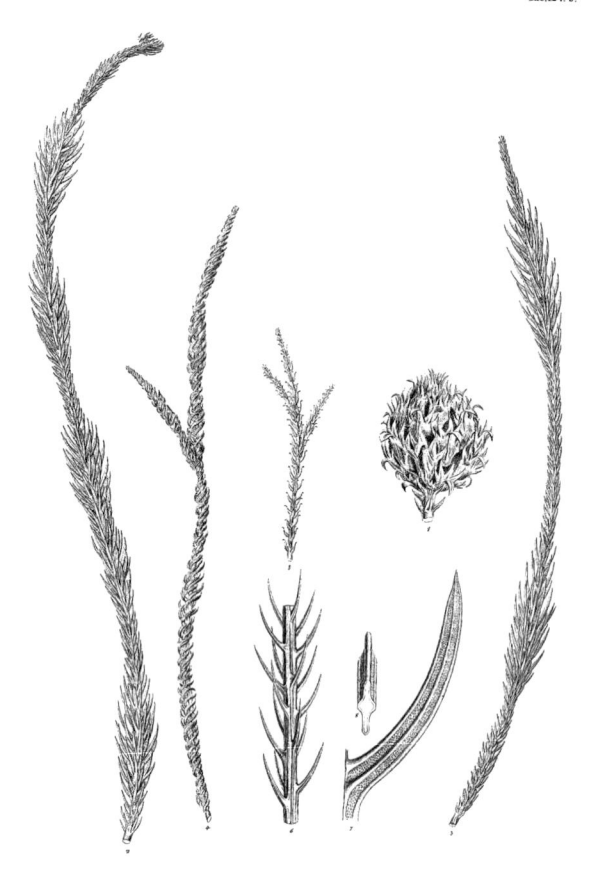

CRYPTOMERIA japonica.

124b スギ

IUNIPERUS *rigida*.

125 ネズミサシ

125　ネズミサシ　別名 ネズ　　ヒノキ科

Muro, Nezu, Sonoro matz
Juniperus rigida Siebold & Zucc.

　ネズミサシ属（*Juniperus*）の常緑低木または小高木で、大きな株は高さ 10 m くらいになる。
　「初めて日本を訪れた時、私は長崎奉行所の高官である茂伝之進と知り合いになったが、彼は 1776 年の江戸参府の際、オランダ語の通詞である父親とともにツュンベルクに同道した人である。この老翁は、スウェーデンの博物学者の思い出を抱いているだけでなく、ある種の植物学上の記念品をもっている。箱根山中でツュンベルクが採取し、手ずから父の庭園に植えた 1 株のネズミサシである。ずっと育ててきたこの木は、1823 年には高さ 6.5 メートルにも達したが、本書の図版 125 に載せたものがまさにそれである」。
　長崎奉行所の茂伝之進の父が、ツュンベルクが箱根で採集したネズミサシを育てていて、シーボルトはそれを描かせたというのである。日本植物学にかかわりの深い 2 人の間の友誼が示され興味深い。
　なお、この覚書きには末尾に「故シーボルト氏筆」とある。シーボルトの覚書きはここまでで、以降の覚書きはミクェルがシーボルトの記録を引用するかたちで書いた。

126　イブキ　　ヒノキ科

Tatsi bijakusin, Sugi bijakusin, Ibuki
(葉が黄金色の園芸品種は Ukon ibuki, 黄金色の斑入品は Hatsi bijakusi[n])
Juniperus chinensis L.

　ビャクシンあるいはイブキビャクシンの別名もある。
　常緑の高木または低木で、大きくなる株は高さ20 mにも達する。幹がねじれる株もよくみられる。樹皮は赤褐色で縦に裂けて、剥がれる。よく分枝する。葉は多くは鱗片状だが、針葉になるものも混ざる。鱗片葉は枝に十字対生し、卵状菱形、先は鈍形で、長さは1.5 mmほど。針状葉は枝に3つが輪生状につき、長さ0.5〜1 cmで、表面は窪み、2条の白色気孔帯がある。
　東南アジアに分布し、日本では岩手県以南の本州、四国、九州に自生する。主として太平洋側の海沿いの岩礫地に生える。古くから観賞用に庭園などに植えられており、古木も多い。
　図版はおそらく日本人絵師によると思われる断片的な下絵から作成されている。

IUNIPERUS chinensis.

126 イブキ

IUNIPERUS chinensis.

127 ハイビャクシン

127　ハイビャクシン　　ヒノキ科

Hai Bijah Kusin, Bai-bi-jak'sin
Juniperus procumbens（Siebold ex Endl.）Miq.

　ソナレまたはイワダレネズともいう。
　イブキに似るが、枝ばかりか幹も直立することなく長く地表をはい、ときには崖などから垂れ下がる。葉はほとんどが針状で、枝に対生または3輪生する。
　長崎県の壱岐と対馬、福岡県の沖島の海岸に自生し、朝鮮半島南部の大黒山島にも産することが知られている。庭園で観賞用に栽培されるものはソナレと呼ばれることが多い。ハイビャクシンについてはまだよく判っていないことが多く、今後の研究に俟つところが大きい。
　なお、図版127ではⅢのみがこの種に該当し、他はすべてイブキを描いたものである。

128 イチイ　　イチイ科

Araragi, Itstii noki
Taxus cuspidata Siebold & Zucc.

　アララギの別名もあるイチイは、深緑色の葉間にちりばめた宝石のような真紅の実をもつ。人目を引き、観賞用によく栽植される。
　ヨーロッパの庭園にも本種に似たセイヨウイチイが植えられているのをよく目にする。
　一見、果実のようにみえる真紅の構造物は、種子の柄の部分が肥厚して胚状となり種子を取り囲んだものであり、種衣（仮種皮）と呼ばれる。リュウガンやドリアン、マンゴスチンあるいはマユミなどで、種子の周囲を取り囲んでいる白色や朱色の構造物も種衣であり、種衣は種子植物の複数の科の植物に見出すことができる。
　イチイ属（*Taxus*）には8種あり、北半球に分布する。イチイは東アジアに広く分布し、日本では南西諸島を除く各地に産する。常緑の高木で、高さ15 mに達する。材は緻密で硬く、光沢があり、床柱や天井板に好まれる。彫刻や家具、細工物にも利用される。
　イチイの変種のひとつにキャラボクがある。幹の下部が地表をはって低木状になり、枝や葉を密生する。本州の日本海側に自生し、観賞のため庭園などに植えられる。

TAXUS cuspidata.

128 イチイ

TORREYA nucifera.

129 カヤ

129　カヤ　　イチイ科

Kaja
Torreya nucifera（L.）Siebold & Zucc.

　常緑の高木で、大きなものは高さ20 m、直径2 mを超える巨木となる。樹皮は灰褐色または赤褐色で、浅く縦方向に裂けて剝がれる。
　葉は枝にらせん状につくが、ねじれるために2列に平らに並んで配列しているようにみえる。先端は鋭く尖り、触れると痛い。長さ2〜3 cm、幅2〜3 mmで、表面は深緑色、裏面は淡い緑色のことが多く、2条の気孔帯がある。雌花は前年に出た枝の先につき、種子は翌年の10月頃に熟す。種子ははじめ全面が種衣に包まれ果実様となり、'カヤの実'と俗称される。種衣ははじめ緑色だが、後に紫褐色に変じ、裂けて内部にあった種子が現れる。
　日本特産で、宮城県以南の本州、四国、九州（屋久島まで）に分布する。
　材は碁盤、将棋盤に珍重され、彫刻、櫛などの細工に用いられる。種子から採れる油は、食用や頭髪用になる。

130　イヌガヤ　　イヌガヤ科

Inu Kaya, まれに Bebo Kaja, De bo gaja, Kja Raboku, Mominoki
Cephalotaxus drupacea Siebold & Zucc.
[*Cephalotaxus harringtonia* (Knight ex J. Forbes) K. Koch]

　シーボルトらはイヌガヤの和名として、イヌカヤ、まれにベコカヤ、またはデボガヤ、キャラボク、モミノキの名をあげている。キャラボクとモミノキは、この名をシーボルトに伝えた人物が他種と混同して、誤った名を伝えたことによるものと考えてよい。

　イヌガヤのイヌは動物のイヌをいうのではない。ある植物のかたちが、人間の生活の何かの役に立つ植物に似ているが、それほど役に立たない別種であるときに、それを指してしばしば用いられる接頭語である。「にせもの」に近い意味であろう。つまりイヌガヤとは、カヤに似ているがカヤほどには役に立たないとの認識によっている。ヘボガヤとかヘダマの俗称も同じような意味を表していよう。

　常緑の小高木または低木で、大きいものは高さ 7 m、直径 40 cm くらいになる。樹皮は暗い灰褐色で、縦方向に浅く裂ける。葉は枝に 2 列に並ぶ。線形で、長さ 3〜5 cm、先は鋭尖形だが触れてもカヤのように突き刺さることはない。裏面の中脈の両側には灰白色の気孔帯がある。

280 ページにつづく⇨

CEPHALOTAXUS drupacea.

130 イヌガヤ

CEPHALOTAXUS drupacea.
131 イヌガヤ

131　イヌガヤ

　雄花は前年出た枝の葉腋に密生してつく。雌花は枝の頂部の葉腋に1つまたは2つ生じる。種子は卵円形あるいは楕円形で長さはおよそ2.5 cmになる。初めは緑白色で後に紅紫色になる肉質の外種皮と、灰褐色を帯びた薄い木質の内種皮をもつ。材は淡い黄色で、硬く緻密で、細工物や器具の製作に用いられる。

　イヌガヤは中国東北部から朝鮮半島を経由して、日本と台湾にいたる地域に分布する。日本では岩手県以南の本州、四国、九州（屋久島が南限）に自生する。観賞用にも植栽されるが、多くはチョウセンマキと呼ばれる栽培品種である。高さ1〜3 mになり、よく分枝し、葉の多くはらせん状について2列には並ばない。

　イヌガヤ属（*Cephalotaxus*）はシーボルトとツッカリーニによって本書で設立された属で、6種があり、ヒマラヤから日本にいたる日華植物区系区に分布する。中国から東南アジアにかけて分布するアメントタクスス属（*Amentotaxus*）に近縁で、共にイヌガヤ科に分類される。イヌガヤの種子はイチイやカヤのような種衣に囲まれることなく裸出している。

132　イヌガヤの一型　　イヌガヤ科

和名は前項に同じ
Cephalotaxus pedunculata Siebold & Zucc.
[*Cephalotaxus harringtonia* (Knight ex J. Forbes) K. Koch]

　これは枝がやや下垂するイヌガヤである。覚書きを引用してみよう。「イヌガヤ属の2種のヨーロッパへの移入は、シーボルト氏のお陰である。1829年にイヌガヤ属の2種はライデンの植物園に植えられ、これ以降、この2種はヨーロッパの公園や庭園に広く普及した。ヨーロッパの最も厳しい冬の寒さにあっても露地で持ち堪えることができた。日本ではこの木の種子もまた好んで食され、上質と思われる木材も建築や指物細工に用いられている」。

　ここに記されるように、イヌガヤは1829年にヨーロッパに移入され、たちまちイギリスなど隣国にも広がった。今日イヌガヤに用いられる学名 *Cephalotaxus harringtonia* はシーボルトらの命名ではなく、1839年にジェームス・フォーブス（James Forbes）が『ウォーブルンの松柏類』に *Taxus harringtonia* として記載した学名による。

　シーボルトとツッカリーニはイヌガヤに *Cephalotaxus drupacea* および *Cephalotaxus pedunculata* という学名を与えたが、発表されたのは1870年だった。その両学名の基準となった標本は、図版に示されるように雄花の花序に長い柄があるものであった。

CEPHALOTAXUS pedunculata.

132 イヌガヤの一型

PODOCARPUS macrophylla.

133 イヌマキ

133　イヌマキ　　イヌマキ科

Inu mâki
Podocarpus macrophylla（Thunb.）D. Don ex Lamb.
[*Podocarpus macrophyllus*（Thunb.）Sweet]

　常緑の高木で、大きい個体は高さ20 m、直径50 cmくらいになる。樹皮は灰白色で、縦方向に浅く裂け、薄片となって剝がれる。
　葉は広線形あるいは長円状線形で、長さ10〜20 cmになり、革質で、裏面は黄味を帯び、中脈の部分が隆起する。
　雌雄異株で、5〜6月に開花する。雄花は多数の雄蕊が集合し、円柱状となり、葉腋に数個が束になってつく。雌花は前年に出た枝の葉腋に単生する。

134　ラカンマキ　　イヌマキ科

Ken sin, Sen Baku, 一般に Inu Maki
Podocarpus macrophylla（Thunb.）D. Don ex Lamb.
var. *maki* Siebold
$\left[\begin{array}{l}\textit{Podocarpus macrophyllus}\text{（Thunb.）Sweet}\\ \text{var. }\textit{maki}\text{ Siebold \& Zucc.}\end{array}\right]$

　ラカンマキはイヌマキの変種である。中国原産といわれ、暖地を中心に各地で古くから庭園などに植栽される。イヌマキに比べて生育が遅く、樹高も低く、5m以下のものも多い。枝は上に伸び上がる性質が強く、葉も枝に斜上する。葉はイヌマキに比べて短く、幅も狭く、長さは4〜8cm、幅4〜8mmである。

　図版は慶賀の下絵をもとに作成されたものである。慶賀の下絵は成熟した種子をともなっているが、日本ではラカンマキに種子はほとんどみられない。おそらく下絵に描かれた植物はラカンマキそのものではなく、ホソバマキとも呼ばれる、イヌマキの狭葉品ではないかと思われる。

PODOCARPUS macrophylla.

134 ラカンマキ

PODOCARPUS Nageia.

135 ナギ

135 ナギ　　イヌマキ科

Te'en pe
Podocarpus nageia R. Br. ex Mirbel
[*Nageia nagi*（Thunb.）Kuntze]

　常緑の高木で、幹はまっすぐに伸び、高さ25m、直径1.5mに達するものがある。日本と台湾に分布し、和歌山県以西の本州西部から南西諸島に自生する。庭園に観賞用に植栽されるほか、神木として神社の境内にもよく植えられている。奈良市の春日神社、新宮市の熊野速玉神社などのナギが名高い。
　樹皮は紫色を帯びた褐色で、滑らかだが、ときに大きく剝がれ、樹皮の落ち跡は紅褐色となる。
　枝はやや水平に伸び、葉は対生状に枝につく。葉形は広披針形、長円形、卵形などで、針葉樹とはみえないほど大きく、長さ4～8cm、幅1～3cmになる。革質で、表面は光沢があり、裏面は淡緑色となる。
　雌雄異株で、5～6月に開花する。雌雄花ともに前年に出た枝につく葉に腋生する。雄花は円柱状で、数個が束生する。雌花は葉腋に単生する。種子は10月頃熟し、白緑色で粉白のある、球状に肥厚した外種皮をもち、直径1～1.5cmになる。

136　イチョウ　　イチョウ科

Ginkgo, Gin an, 一般に Itsjô
Ginkgo biloba L.

　覚書きを引用してみよう。
　「イチョウがヨーロッパの戸外でみられるようになったのはかなり以前である。各地の公園や植物園に老齢の大木がみられるのがその証拠だが、原産地は支那、それもとりわけ北方の諸州であるように思われる。日本ではすでにかなり古い時代から観賞用、また珍重される銀杏(ぎんなん)用に栽培されている。シーボルトは、高さ80フィート（26メートル）にも達し、幹もたいへん太いものを目撃し、ノートでそのような巨樹に言及しているが、この巨樹の幹には観音様という守護神の像が彫られていたということである。(中略) イチョウは18世紀半ばにフランスに初めて移入された時、とても高価だったために'40エキュの木'と呼ばれた。また、その果実の形から'日本のクルミ'とも呼ばれた。かなり美味しく、生で食べるか煎って食べるかするが、味はクリを想わせるものがある。スミスは、リンネが採用した *Ginkgo* という属名の代わりに *Salisburia* という名を与えたが、これには十分な理由がない」。
　イチョウは欧米で広く植栽され、街路樹にも多い。特異なかたちをし、秋には見事に黄葉し、人目を引く。

SALISBURIA adianthifolia.
136 イチョウ

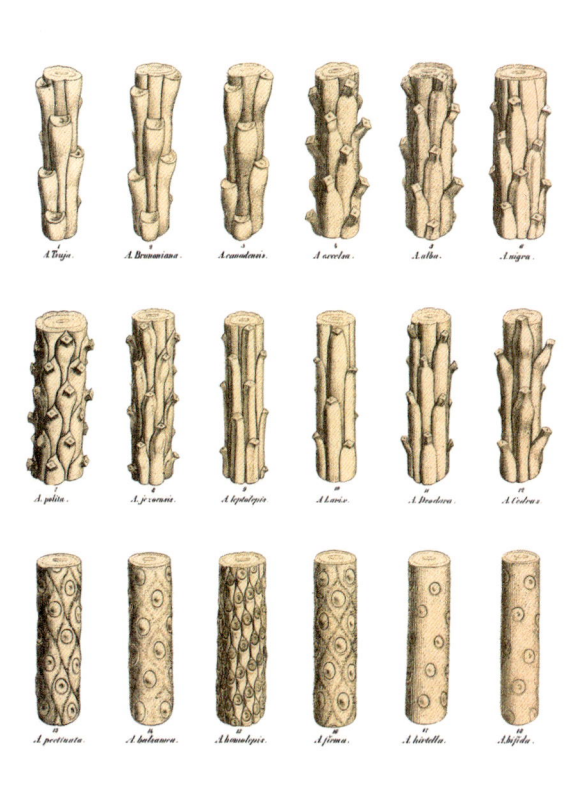

ABIETUM phyllulae et pulvini.

137 モミ類の葉痕と葉枕

137　モミ類の葉痕と葉枕　　マツ科

　葉痕とは枝や茎などに残る葉の落ち跡をいう。葉柄基部の形によって、円形、楕円形、三角形など、さまざまなかたちをした痕が残される。また葉痕には、葉に入る維管束の配置が明瞭に刻印されていて、種や属を識別する特徴となることが多い。
　針葉樹のなかには、葉が枝につく部分の枝の組織が隆起して膨らむものがある。これを葉枕と呼ぶ。
　シーボルトの時代の針葉樹の分類体系では、今日トウヒ属（*Picea*）として分類される種もモミ属（*Abies*）に分類されていた。トウヒ属の種には明らかな葉枕があり、毬果がないときのよい区別点になる。このちがいに着目したツッカリーニは、枝の葉の落ち痕を詳しく調べて図示し、葉枕の有無を明らかにした。この図はツッカリーニが発表した論説にも使用されている。

138　ブラジルマツ　　ナンヨウスギ科

和名の記載なし
Araucaria brasiliana A. Rich.
[*Araucaria angustifolia* (Bertol.) Kuntze]

　図版 138 から 140 に示された 3 種の針葉樹は日本産のものではなく、共著者のツッカリーニがほぼ同時並行的に進めていた針葉樹の研究のために作製されたものである。本書でも'付録'として扱われている。
　これらの 3 種はいずれもナンヨウスギ科のナンヨウスギ属（*Araucaria*）に分類される。ナンヨウスギ属は 18 種あり、南西太平洋とくにニューカレドニア、ブラジル南東部からチリにいたる南半球に分布するが、そのうち 13 種はニューカレドニアに特産する。東南アジアでは一部で赤道を越え北半球に分布が広がっている。日本には産しないことは上に述べたが、中世代には広く北半球にも分布し、日本の中生代の地層からもこの仲間の植物の特徴を示す化石が発見されている。
　ブラジルマツは、ブラジル南東部から、隣接するアルゼンチン北部に自生する。常緑の高木で、多数の水平または斜め上方に伸びる枝をもち、開出する葉を密に生じる。パラナパインの名でも知られ、重要な木材で、建築に利用される。また種子は食用となる。

ARAUCARIA brasiliana.
138 ブラジルマツ

ARAUCARIA Cuninghamii.

139 ナンヨウスギ

139　ナンヨウスギ　　ナンヨウスギ科

和名の記載なし
Araucaria cunninghamii Ait. ex Sweet
[*Araucaria cunninghamii* Ait. ex D. Don]

　オーストラリア東部とニューギニアに分布する。温帯地域でも栽培でき、樹形が独特で、観賞用に庭園などに植えられる。日本では暖地でよくみかける。
　常緑高木で、樹高は40〜60mになり、樹皮は縦方向に裂けて剥がれる。
　4つから7つの大きな枝が輪生状に幹に配し、多くは水平かやや斜め上方に伸長する。
　葉は濃い暗緑色で、硬く、長さ1cm内外で、先は尖りやや刺状となる。
　毬果は卵状で、長さ12cm、直径10cmほどである。

140　シマナンヨウスギ　　ナンヨウスギ科

和名の記載なし
Araucaria excelsa R. Br.
[*Araucaria heterophylla*（Salisb.）Franco]

　南太平洋のノーフォーク島に特産する。本属中樹形が最も優美とされ、耐寒性は強くないが、世界的に有名な観賞樹と認められている。日本には明治 40（1907）年に渡来した。

　常緑高木で、均整のとれた円錐形の樹形をつくり、高さ 50 m にもなる。樹皮は黒褐色で、光沢はなく、剥離しない。5〜7 本の輪生状に配する大きな枝をもつ。枝は水平に伸びる。葉はやや軟らかな針状で、鮮緑色だが、老木では鱗片状の葉が現れる。

　毬果はほぼ球形で、直径は 10〜13 cm である。

ARAUCARIA excelsa.

140 シマナンヨウスギ

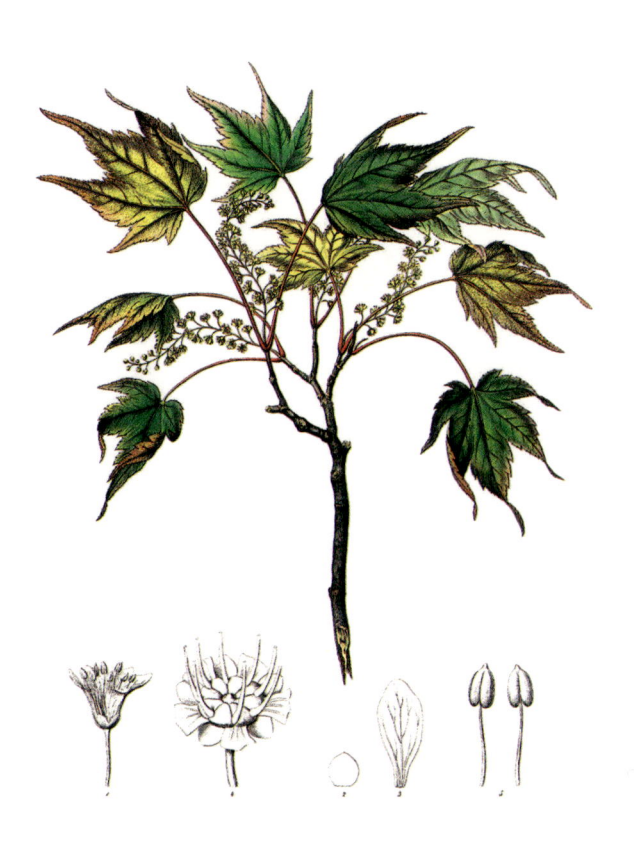

ACER micranthum.

141 コミネカエデ

141　コミネカエデ　　ムクロジ科

和名の記載なし
Acer micranthum Siebold & Zucc.

　日本の固有種で、本州、四国、九州に自生する。観賞用に栽培されることはほとんどない。落葉小低木で、高さはふつう1～5mである。枝は無毛。冬芽は2対の鱗片葉に包まれている。
　葉は花を生じる枝には1対、花を生じない枝では1～5対つき、中ほどから掌状に裂け、5つから7つの裂片をもつ。基部は心形で、上部の3つの裂片の先は尾状に伸びる。成葉では裏面の脈腋を除いて無毛となるが、若い葉では裏面の脈上や脈腋に赤褐色の毛をもつ。
　開花は6または7月で、花は枝に頂生する総状花序につく。翼花は8～10月に熟し、鈍角に開く。

142　チドリノキ　　ムクロジ科

Mei geto Momisi
Acer carpinifolium Siebold & Zucc.

　葉はイロハモミジやイタヤカエデのような掌状に裂けることなく、縁に細かな鋸歯を有するだけである。その葉形がカバノキ科のサワシバの葉に類似しているので、サワシバカエデという別名もある。しかしサワシバの葉は枝に互生するが、モミジの仲間であるチドリノキのそれは対生する。

　チドリノキの名は、翼果のかたちがチドリを連想させることによっているという。和名として挙げられている Mei geto Momisi はメイゲツモミジと読めるが、チドリノキの別名にこの名を引く文献は見当たらない。

　落葉高木または小高木で、高さは 10 m にもなる。冬芽は 8〜12 対という数多い鱗片葉に包まれている。葉は花をもつ枝では 1 対、花を生じない枝では 1〜5 対つく。

　日本に特産し、岩手県以南の本州、四国、九州に分布し、主に山地に生えるが、本州の日本海側には少ない。

ACER carpinifolium.
142 チドリノキ

ACER trifidum.

143 ハナノキ

143　ハナノキ　　ムクロジ科

和名の記載なし
Acer trifidum Thunb., のちに *Acer pycnanthum* K. Koch
[*Acer pycnanthum* K. Koch]

　本州中部の岐阜・長野・愛知の県境地域と長野県大町市にのみ自生する日本の特産種で、山間の湿地に生える。岐阜・長野・愛知県境地域は、江戸時代に師の水谷豊文（助六）を中心に、弟子の伊藤圭介ら、尾張本草学者によって丹念に植物相が調査されてきた。ライデンには助六と圭介が採集したハナノキの標本が保管されており、シーボルトとツッカリーニ、後にはミクェルが行った研究もこうした標本に負うところが大きい。原著の「149 ハナノキ」（図版は掲載されていない）の覚書でミクェルは、圭介はこれを日光、助六は本州の山地で見つけたと書いているが、上述のように日光には自生しない。
　落葉高木で、高さ 20 m 以上になることもある。冬芽は 5〜7 対の鱗片葉に包まれる。葉は広卵形で、先は浅く 3 裂する。葉の基部は浅い心形から広い楔形で、葉の裏面は粉白色を帯びる。
　ハナノキは、北アメリカ東部に普遍的なアメリカハナノキに類似するが、花序につく花数が 3〜6 花で、10 花内外はあるアメリカハナノキから区別される。また葉の切れ込みも多くは深く、浅いアメリカハナノキとは異なる。

144 ハウチワカエデ　　ムクロジ科

Kajede Mai gatsu, Fanna Momisi
Acer japonicum Thunb.

　落葉高木で、高さは 15 m に及ぶものもある。冬芽は 4 対の鱗片に被われる。
　イロハモミジに似るが葉はずっと大きく、葉身は長さ 5〜9 cm、幅 6〜11 cm になり、9〜11 の裂片に浅くまたは中ほどまで分裂する。若いときには葉の全面に白色の軟毛が生えるが、成葉では軟毛は裏面主脈とその脈腋のみに残る。葉柄の長さは 2〜4 cm あり、葉身長の 1/4〜1/2 で、白色の軟毛が生える。花は 5〜6 月に開く。
　日本の特産種で、北海道と本州に分布する。古くから観賞用に庭園などでも栽培され、葉がほとんど掌状に分裂する'舞孔雀^{まいくじゃく}' など、栽培品種も数多い。

ACER japonicum.

144 ハウチワカエデ

ACER polymorphum.

145 イロハモミジ

145　イロハモミジ　　ムクロジ科

Meikots
Acer palmatum Thunb.

　太平洋側では福島県、日本海側では福井県以南に分布する。低い山地や里山の林内に生え、各地で観賞用に広く栽培されている。イロハカエデ、タカオカエデなどの別名もある。

　落葉の小高木または低木で、高さは 15 m に及ぶ。冬芽は 4 対の鱗片葉に被われる。葉は、柄の部分を除き、長さ 3.5〜6 cm、幅 3〜7 cm になる。

　秋に紅葉または黄葉する、掌状に切れ込んだ葉をもつモミジの仲間は、シーボルトが観賞用に注目した木本類である。アジサイの仲間のように、モミジの仲間をひとまとめに図示・記述しようとしたのではないだろうか。かなりの数の新種も発表した。ところが、モミジの仲間を描いた慶賀らの下絵は、ロシア科学アカデミーが収蔵するシーボルトの日本植物画コレクションには、わずか5点しかない。シーボルトの、モミジの仲間にたいしての取り組みは、何とも不可解だ。

146　シメノウチ　　ムクロジ科

和名の記載なし
Acer palmatum Thunb.
f. *lineariloba*（Miq.）Siebold & Zucc. ex Miq.

　園芸用に選抜されたイロハモミジの品種である。葉はほとんど掌状に分裂するまでに裂け、裂片あるいは小葉も深く切れ込み、図のⅡ、Ⅲ、Ⅳのように2回掌状複葉となるものもみられる。

ACER polymorphum.

146 シメノウチ

ACER crataegifolium.

147 ウリカエデ

147　ウリカエデ　　ムクロジ科

Urino Gade, Kara Kogi
Acer crataegifolium Siebold & Zucc.

　福島県以南の本州、四国、九州に分布する日本の特産種。ふつうは明るい林縁に生じる。樹皮はやや青色を帯びた緑色で、庭園などで栽培されることはまれである。落葉小高木で、高さは5mほどになる。冬芽は2対の鱗片葉に被われる。葉は花を生じる枝では1対、無花枝では1または2対つく。卵形あるいは長卵形で、長さ3〜8cmになり、先はやや尾状に伸び、基部は浅心形から円形などに変化する。

　シーボルトとツッカリーニによって、新種として発表された。種小名の *crataegifolium* は「サンザシ属（*Crataegus*）の種に似た葉をもつ」の意味で、ウリ（瓜）とは関係ない。

　図版は慶賀の下絵をデフォルメして作成されている。

148　ウリハダカエデ　　ムクロジ科

Kusi noki
Acer rufinerve Siebold & Zucc.

　本州、四国、屋久島までの九州に分布する日本の特産種で、低山の林縁などに生える。観賞その他の目的で栽培されることはほとんどない。落葉高木で、高さは 10 m に達する。

　ウリハダカエデの名は、緑色で縦長の黒斑が入る樹皮が、ウリの皮（瓜膚）に似ることからきたものだろう。

　冬芽は 2 対の鱗片葉に被われる。葉は花を生じる枝では 1 対、無花枝では 1〜3 対つき、5 角形で、長さ・幅ともに 6〜15 cm になり、浅く 3〜5 裂する。裂片の先は尾状になる。

　開花期は 5 月で、7〜9 月には結実する。翼果には赤褐色の縮れた毛が生える。

ACER rufinerve.

148 ウリハダカエデ

PLATYCARYA strobilacea.

149 ノグルミ

149　ノグルミ　　クルミ科

和名の記載なし
Platycarya strobilacea Siebold & Zucc.

　ノグルミ属（*Platycarya*）はシーボルトとツッカリーニが本書で設立した属で、3種からなり、ヴェトナム、中国、朝鮮半島、日本に分布する。基本的には日華植物区系区に分布が限定される、同区系区要素といえる属である。

　ノグルミは中国大陸、朝鮮半島、日本、台湾に産し、日本では東海地方以西の本州、四国、九州に自生し、日当たりのよい山地の林縁などに生える。落葉高木または小高木で、高さは5〜10 m くらいだが、大きなものは20 m を超えるという。若い枝に褐色の軟毛が密生するが、後には無毛となる。

　葉は7から19の小葉からなる羽状複葉で、小葉は披針形、長さ5〜10 cm になる。

　雌花と雄花の別があり、雌花は枝の先端に単生する長さ2 cm ほどの円柱状の花序に多数が密生してつく。雄花の花序は長さ4〜10 cm の円柱形で、雌花序を取り囲むように6〜10個生じる。

　図版の枝の先端に描かれているのは果序で、長さ5 mm ほどの翼果が密集してつく。

150　サワグルミ　　クルミ科

Tso zoo Kurimi
Pterocarya rhoifolia Siebold & Zucc.

　サワグルミ属（*Pterocarya*）は6種からなり、コーカサス地方から東方に日本まで分布する。サワグルミは北海道、本州、四国、九州に自生し、中国の山東省にも産する。
　落葉高木で、高さ20mに達する。樹皮は暗灰色で、縦に長く裂ける。枝には大きな葉痕が目立つ。葉は5～10対の小葉からなる羽状複葉で、頂小葉をもつ。
　4～6月に新しい枝の先に長さ10～20cmの雌花序が垂れ下がってつき、やや間隔をおいて雌花がつく。雄花序は雌花序を生じる枝の葉腋から出て、垂れ下がり、多数の雄花が密集してつく。果実には翼が発達する。
　図版は標本にもとづいて作成されたと思われるが、雄花序をともなうⅠは図版149で扱ったノグルミである可能性が高い。サワグルミの雄花序は長さ10～15cmはあり、基部から下垂し、図のように基部で斜上することはない。これはノグルミの雄花序の図として準備されたものではないだろうか。Ⅱはサワグルミだが、雌花序がこのように直立することはなく、誤りである。シーボルトもツッカリーニも亡き後、図版の検閲で手ぬかりが生じたのだろうか。有終の美を飾れなかったのが惜しまれる。

PTEROCARYA rhoifolia.

150 サワグルミ

解　　説

　シーボルトは著名な外国人のひとりに数えられるだろう。江戸時代の日本に西洋医学を伝えたこと、禁制の地図を持ち出し国外追放になったことなどがよく知られている。植物に関心のある人なら、アジサイの学名に最愛の妻タキの名を献じたことも知られていよう。彼をシーボルト事件や医学への貢献でのみ理解している人には、なぜ植物や園芸にも絡んでいるのかといぶかしく思われることだろう。
　それもそのはずである。現代の感覚では、植物や園芸はどうみても医学とは結びつかない。だが、地図の持ち出しも、西洋医学も、植物学、園芸も、同姓の別人ではなく同一の人物に帰せられるものだった。シーボルトの一生の活動範囲はそれほど多岐に及び、その人生は波乱に富んだものであった。シーボルトはいまでいうマルチ人間であり、与えられた天賦の多才をすべて活かしきるほどの活躍ぶりを示したといえる。
　激動の時代にあって、シーボルトは才能に裏打ちされた、個性輝く人生を貫いた。植物学や園芸に限ってみても、彼の果たした役割は決して小さくはない。
　19世紀から20世紀初頭にかけて、西欧の園芸界は日本、後には中国の植物を競って移入した。この熱狂が、すっかりヨーロッパのガーデンを変貌させてしまったといってよい。その仕掛人こそはシーボルトだったのである。彼は

大々的に日本の植物の種子や生きた植物を採集して持ち帰った、日本の植物の最初のハンターであった。しかも、ほかのプラントハンターのように、多くを集め、それを雇い主に供出したのではない。自身でこれを頒布した。つまり日本の植物の通信販売を最初に手がけた人物でもあるのだ。それも園芸振興のための組織を創り、ヨーロッパで育つように馴化し、カタログを作成しての頒布である。園芸の発展の世界史で、日本の植物が実に大きな役割を果たすことができたのは、シーボルトあってのものといえよう。

　この『日本植物誌』は、まえがきでも書いたように共著者ツッカリーニの助力も大きいが、シーボルトの植物学と園芸の分野での最大の学術的成果といえるものである。ここでは、彼の生涯と、植物学と園芸の分野での活動、『日本植物誌』とその学術的意義などを紹介してみたい。

シーボルト来日当時の日本
　江戸時代の日本は鎖国令を発し、オランダ以外の欧米諸国とは交流を絶っていた。鎖国令以後の日本との交易を通して、オランダはそれなりに幕府の信頼を保持し続けていた。日蘭関係は貿易を含め幕府体制に組み入れられ、遂行のための組織も整えられていた。

　シーボルトが来日滞在した化政年間は、伊能忠敬、上田秋成、十返舎一九、小林一茶、歌川豊国などが活躍した、文化的爛熟期であった。政治的にも一種の小康状態にあり、健康・医学にたいする人々の関心も高かった。約1世紀前の蘭書解禁以来、多くの人が西洋医学に関心を抱き、西洋式の医療を行う蘭方医も急増したことがその背景にある。

医学以外の西洋の学問万般にたいして興味を示す人々も登場した。当時、学問といえば、中国で体系化された学説を移入咀嚼し、日本の天然風土への適応を試みるものが多かったが、天文学や本草学など、自然科学の分野では西洋の学説に興味をもつ人も少なくはなかった。こうした風潮は、日本での学術発展の必然的な流れでもあった。

 オランダの栄光と存亡
 シーボルト来日前後のヨーロッパはたいへんな激動期であった。来日の背景には、オランダの歴史が深くかかわっている。当時オランダは、国家存亡の危機に直面していた。
 1581年にスペインの圧制から独立を宣言したオランダは、新航路の開拓と確実な航海術によって16世紀末から17世紀前半にかけて世界の制海権を握り、繁栄を遂げた。1602年にはイギリスに倣って、オランダ東インド会社（V.O.C.）を設立し、スパイス諸島とも別称されたモルッカ諸島を含む東南アジアとの貿易も活況を呈していた。しかしオランダの黄金時代は長続きしなかった。
 イギリスはオランダの貿易に打撃を与える目的で、1651年に航海条令を発布した。イギリスとの三次にわたる戦争でオランダの国力は衰退し、制海権を失った。
 フランス革命とナポレオン戦争の時代には、さらなる受難に直面する。革命軍がオランダを占領しバタヴィア共和国を建てたが、1810年にフランス皇帝ナポレオンによりフランスに合併され、国家としてのオランダは消滅した。1813年にナポレオンがライプチッヒの戦いに敗れると、イギリス亡命中に死去したオランダ国王ウィレム5世の子、

ウィレム 6 世が帰国し、ウィーン会議（1814-15 年）でネーデルランド連合王国国王ウィレム 1 世となった。

一方イギリスはジャワを占領したが、のちにこの旧オランダ直轄地への興味を失った。1814 年のロンドン条約により、オランダは東インドの統治権を回復し、本格的な植民地経営に乗り出した。東インド植民地では土侯の反乱が相次いだものの、壊滅状態にあった国家財政の建て直しのため、利潤の大きい貿易事業の再興と強化が急務だった。

日蘭関係とその評価

日本への最初のオランダ船の来航は、1600 年のリーフデ号にさかのぼる。1635 年（寛永 12）の鎖国令以降ポルトガル人は追放され、1641 年よりオランダは日本との貿易を独占した。幕府のキリシタン弾圧で起きた「島原の乱」鎮圧で、オランダ船が天草の原城めがけて艦砲射撃をし幕府に味方したことが大きい。とくに平戸商館の時代、日本との貿易は、世界に 30 余ヶ所あった全商館中格段の利潤をあげていた。決済での金の取得と、バラストの再精錬でえられる銀と銅がオランダの繁栄を支えていたのだ。

制海権でイギリスの優位が確立した後も、オランダにとって日本との貿易は経済的に重要なものであり、キリスト教諸国の非難を浴びても、継続するに値するものだった。

ナポレオン戦争後に独立を回復したオランダは、国家財政の建て直しを図るため、貿易の純益がとくに大きかった日本との関係を一層深めることを画策した。その一環として、日本にたいする文化政策の実施や、日本でとくに歓迎される医学の振興が検討された。

東インド会社時代には、現地の文化政策などまるで考慮だにしなかったオランダが、なぜ突然、日本にたいして文化政策を実行しようとしたのか。これは本書の主人公シーボルトに関わる重大な問題である。なぜなら、この転換がなければ、ドイツ人シーボルトの日本への派遣はそもそもなかったと思われるからだ。

　この時点で日本の国土、自然、歴史、社会制度、物産についての知識は断片的であり、総合的な調査が行われたことはなかった。ヨーロッパでは当時、日本は未開の非文明国とみられていた。このような非文明国の総合的学術調査こそは、ヨーロッパの先進国を自負するイギリス、フランス等が各国の植民地を中心に実施中のものであった。

　ロシア初の世界一周航海帰国後、クルーゼンシュテルンが著した『世界周航記』に、「ヨーロッパは日本についての知識に関して、オランダ国民に何ら負う所がない」とまで記されている事実は、オランダにとって深刻だった。リーフデ号渡来以来すでに200年以上の歳月が過ぎ、平戸や出島のオランダ商館がこの間に日本およびヨーロッパの文化にどれだけの貢献をしたかが問われていたといえる。

　オランダ商館医として来日したケンペルやツュンベルクが、日本の植物などの自然史、歴史、風土などについて研究を行ったことは大いに評価されるべきだが、皮肉にもケンペルはドイツ人、ツュンベルクはスウェーデン人だった。経済にしか関心のない国とされ、イギリスやフランスに比して文明国として一段低くみられていた評価を一蹴する契機が、オランダには欲しかった。総合的学術調査は、日本にたいする基本政策のための資料収集と合わせて、オラン

ダが負った文化的恥辱を挽回するねらいも大きかった。

当時の日本で、西洋式の医療と医学の伝授が歓迎されることを、滞在の長かった商館長ドゥーフやブロムホフは熟知していた。また、商館医師には他のどの職員よりも多くの自由が許され、薬草採取のためなどで出島外に外出できることも周知だった。そこで、優秀な科学的才能と近代医学の知識をそなえた医師を出島の商館医として派遣し、科学的調査と、医療と医学の伝授という文化政策を、並行して遂行させる政策が採られることになった。

日本人の医療に携わり近代医学を伝授するだけでなく、科学的調査をも担うというのは、商館医として大きな任務の変更である。まさにこれは、国家の施策にもとづく特別な指令で行動する、特殊な職への転換であった。この目的を遂行するために来日した人物こそが、シーボルトなのだ。

シーボルトの生い立ちと生涯

シーボルトは、フィリップ・フランツ・バルタザール・フォン・シーボルト（Philipp Franz Balthasar von Siebold）といい、生まれたのはドイツの中核都市ヴュルツブルクである。航空路の中心であるフランクフルトから車や鉄道で南へ約1時間も行けば、ヴュルツブルクに到着する。マイン川に沿って数多く歴史的建造物が建ち並ぶ、中世の面影を残す都市である。ここには司教座が置かれていたため、カトリック文化も栄えた。シーボルトはここで1796年に生まれた。シーボルト誕生当時のヴュルツブルクは、神聖ローマ帝国に属す大公国だったが、神聖ローマ帝国は1806年に滅亡し、紆余曲折の後、ウィーン会議によりバ

イエルン王国に所属することになった。

　シーボルトの家系は貴族階級に登録されていた名門で、学才に秀で、とくに医者や医学教授を多く輩出している。フィリップの父ヨハン・ゲオルク・クリストファーもヴュルツブルク大学の内科学・生理学教授で、公立産科大学正教授、ユリウス病院第一医師だった。妻マリア・アポロニア・ヨゼファ・ロツとの間に3人の子供を授かったが、長男と長女は幼年に亡くなったため、次男のフィリップだけが成人した。しかし不幸にも父はフィリップが1歳1ヶ月のとき、31歳という若さで亡くなった。

　フィリップが9歳になった時、母アポロニアは、兄が市の主任司祭として転任したハイディングスフェルトに移住した。フィリップはのちにヴュルツブルク大学へ進学し、家系や親類の意思に従って医学を学んだ。大学在学中は、解剖学の教授だったデリンガー家に寄寓した。同家には当時名高い多くの学者たちが寄り集まり、医学に限らない議論が行われていたといわれる。フィリップが医学を擲（なげう）ってまで植物学や動物学など自然史に傾注した背景には、教授とそのグループからの影響と感化があったにちがいない。

オランダの軍医として植民地へ
　自分が名門の貴族の出だという誇りと強い自尊心が、彼をして町の開業医として一生を終わることを許さなかったのだろう。伯父らは、当時オランダ陸海軍軍医総監兼国王ウィレム1世侍医の要職にあったハルバウルに、シーボルトの就職を依頼した。彼は東インド植民地勤務のオランダ軍医の職を斡旋し、シーボルトは即座にこれを受諾した。

こうしてシーボルトは特別の計らいにより、オランダ領東インドに赴任する陸軍外科少佐に任命された。

バタヴィア（いまのインドネシアの首都ジャカルタ）に着いたシーボルトは、近郊のヴェルテフレーデンにある砲兵連隊に配属されたが、すぐに熱病に罹った。そのとき東インド総督ファン・デア・カペレン男爵は、ドイツ名門の出身で、オランダ本国陸海軍軍医総監やその他の人々の推薦書や手紙をもっていたシーボルトの存在に気付いた。

カペレンは東インド直轄地再興のために政府が任命した植民地官僚である。在任中諸種の学校設立や、アジア最古の学術研究団体であるバタヴィア芸術科学協会の再建に努めるなど、文化や学術的研究に好意的な人物でもあった。

シーボルトに興味を示したカペレンは彼を、熱病の治療を兼ねて3週間ほど自分の別荘のあるボイテンゾルフ（いまのボゴール）に連れていった。ボイテンゾルフはバタヴィアより空気が乾燥し、朝夕の気温も冷涼であった。

カペレンこそは、日本について総合的な学術調査を実施し、かつ日本で歓迎される腕の立つ医師を派遣する責任者だった。シーボルトは総督に知っている限りの知識を披瀝し、大学在学中に読んだケンペルやツュンベルクの紀行文を基礎に、科学的に未知な日本での総合的学術調査の魅力や意義について、情熱をもって語ったものと想像される。

カペレンは、今回の派遣を従来とは異なる特別な任務とし、それに要する経費を商館医の年俸とは別途総督府の負担で支給する、ならびに収集した資料・標本の所有権はオランダ政府にある、という契約をシーボルトとの間で結び、彼を日本に派遣した。こうして「この国における学術調査

の使命を帯びた外科少佐ドクトル、フォン・シーボルト」という肩書きで報告類を東インド総督府に送付する、植民地科学者シーボルトが誕生した。

シーボルトの来日

日本への出発を前に、シーボルトは必要な物資の調達に奔走する。シーボルトはこの任務を遂行するうえで最も効果的な方法として、日本人の度肝を抜くような発電機械、空気ポンプ、ピアノといった機器を購入し、これを誇示することで圧倒しようと考えた。また日本に多少とも関係しそうな文献はことごとく購入した。

1823年6月23日、シーボルトは新しい商館長として赴任するストゥルラー大佐と一緒に乗船し、バタヴィアを離れた。船は8月11日に長崎に到着した。長崎の港に曳航される前日、シーボルトにとって最初の試練がやってきた。

野田岬を過ぎ長崎湾に入ったところで日本の役人と通詞が乗船し、点検を受けた。シーボルトは8月10日の日記に記す。「正午ごろ予期した御番所衆、すなわち日本帝国の番所の検使の姿が見えたので、丁重に迎え、船室で饗応した。彼に随行して通詞が2、3人来たが、私を少なからず面食らわせたことには、彼等は私よりも流暢にオランダ語が話せたことだ」。彼は祖国さえも怪しまれたが、幸運にも高地ドイツ人という言葉が「山オランダ人」と訳されたおかげでオランダ国籍と認められた、と書いている。

シーボルトの立場は、彼に先立って、自らの自由意志で日本と日本の植物を研究したケンペルやツュンベルクと大きく異なる。シーボルトの場合、それがいかに自身の個人

的資質と不可分に結びついた偉業ではあっても、彼個人のものではなく、オランダの権益保持のため、東インド会社が組織ぐるみで実施する事業だった。それが成功するよう、カペレン総督が新しい商館長に多くの指示を与えたのはいうまでもない。

さらに、シーボルトにはあのナポレオン戦争が幸いした。その戦争により、1809年（文化6）から17年（同14）の間オランダ船の長崎来港が途絶えていたのだ。その間館員の交代はできないから、滞在は8年もの長期にわたった。

時の商館長ヘンドリック・ドゥーフ（Hendrik Doeff）は1799年（寛政11）書記官として来日し、一旦バタヴィアに帰ったが、翌年再来日、1803年（享和3）に商館長となった。弱冠27歳であった。以来彼は18年間を日本で過ごした。今以上にタテマエとホンネの差が大きかった当時の日本で、オランダは彼なしには広範囲な人脈形成など望むべくもなかっただろう。蘭日辞典「道訳ハルマ」（いわゆる「長崎ハルマ」）はドゥーフ（道富）の監修で編纂されたし、通詞馬場佐十郎にオランダ語を教えたのも彼だった。

ドゥーフの後任の商館長として来日したのは、コック・ブロムホフ（Cock Blomhoff）である。彼もドゥーフ同様に日本との友好関係構築に尽くし、ドゥーフのつくり上げた人脈を発展させ、後任のストゥルラーに引き継いだ。

着任後間もなくシーボルトは、帰国を控えたブロムホフの仲だちで、湊長安、岡研らご当時長崎に住んでいた数人のすぐれた医師と出会った。彼らの知遇をえたことは、後のシーボルトの活動上重要な意味をもつ。ドゥーフもブロムホフも、商人ながら日本の蘭学者たちの質問に答えられ

るだけの医学および科学的な事象に精通していた。そうした彼らが育てた信望と人脈なしに、新しい商館医シーボルトが日本人社会に溶け込み行動することはできなかっただろう。とくにブロムホフは、当時の西洋医学の特色である診断、正確な臨床観察や検屍所見、ジェンナーの種痘のような新しい手法の普及に熱心だった。日本の西洋医学へのシーボルトの貢献の一部は、ブロムホフの示唆によるものといってよいくらいである。

鳴滝塾——シーボルトの大学・日本研究所
　オランダ側は、どうすれば鎖国下にある日本から最大限の資料と情報を入手できるかを周到に考え、その結果導かれた結論が、シーボルトのための学校・研究所を創ることだった。西洋医学の知識と技術の伝授が最大の武器になったのはいうまでもない。だからカペレンは、単なる腕ききの医師ではなく、大学で学位を取得した医学者を日本に派遣したかったのだろう。医者なら誰でも学園を築き、医学の教授ができるというものではないだろう。
　制約の大きい鎖国下の日本で、私塾を設けるのは容易なことではなかった。シーボルトが市中の学生に医学を教えたいと望んだとき、長崎奉行が、通詞楢林宗建の斡旋で許可したのは異例といえる。以来シーボルトは週に３回、７人の通詞とともに楢林および吉雄の私塾に出掛け、塾生たちに医学を教え、臨床実践として患者の治療を行なった。この塾に参加したのは将来有望な日本人医師、湊長安、吉雄幸載、美馬順三、平井海蔵、それに高良斎であった。
　日本人学者たちが西洋医学および科学に向けた熱意は、

シーボルトの着任にたいする素早い反応から知ることができる。著名な蘭学者、高野長英が養父にあてた文政 8 年 (1825) 7 月付けの手紙から、「出島で診療している今回の医師は傑出している」というニュースがきわめて早く江戸に届いていたことが読みとれる。すでに公式に出島外での診療を許されていた新任の医師の名声は、江戸の蘭学者たちがこぞって長崎行きを企てる誘因となったのである。この手紙のなかで長英は、「江戸での 1 年の勉学はほんの畳の上の水練、長崎での勉学はわずか半年でも実戦と同じ」という朋友の言葉を書き送っている。

　門人の数が増えたので、奉行は出島に設けられたシーボルトの医学塾を長崎近郊の鳴滝谷(「響く滝の渓谷」)近くに移転することを許した。こうして日本で最初の西洋医学の専門学校である鳴滝塾が誕生する。塾での講義はオランダ語で行われた。大半の塾生は、講義を理解するのに十分なオランダ語の知識を備えていた。当初は主として医学理論と臨床、博物学を教え、のちに薬理学がプログラムに加わった。シーボルトは講義だけでなく、臨床実習も積極的に取り入れた。手術の場合は、奉行所の許可を取ってから、塾生たちの立ち会うなかで執刀が行われた。

　重要な点は、オランダ語で講義することは、門弟たちから日本の自然や文化、歴史に関係する資料や情報を、オランダ語でえるための手段でもあったことだ。行動が厳しく制約された日本で、必要かつ質の高い資料・情報をうるのに他に効果的な方法があっただろうか。

　鳴滝塾に学んだ門人たちにシーボルトは、博士論文あるいは学位論文を課し、医学以外の分野を含む多様な領域の

課題について、オランダ語で論文提出を求めた。論文を仕上げなくても免状は貰えたが、「学位免状」と引き換えに、塾生たちはそれぞれ、国元へ帰ってから論文を書く約束をした。しかもシーボルトが江戸参府の途中で立ち寄ったとき、その論文を提出する必要があった。シーボルトが日本を離れてからも、門人たちの執筆した論文を、シーボルトの絵画助手であったヴィルヌーヴの仲介で送ってもらう約束も交わした。シーボルトはこうして日本の各地の植物やその他の諸物事に関わる情報を集めることができた。シーボルトは与えられた目的を果たすべく懸命に努めた。

　独身だった彼は、滞在中に遊女の其扇（楠本滝）を妻に迎え、後年、日本で最初の女医となった稲を授かった。

日本の植物への取り組み

　シーボルトは日本について総合的ともいえる調査を展開し、そのための資料と情報を収集しようとした。集められた資料や情報のすべてを自ら分析するつもりであったかどうかは定かでない。だが、日本の植物についての調査では、自らもその解析に関与する意図を明確にしていた。日本の植物の研究のために、シーボルトは4種類、すなわち（1）標本、（2）生きた植物、（3）図譜、（4）民俗資料・その他の文献、を収集しようとした。そのために自らも奔走し、標本を作成し、種子を集めるなどした。シーボルトの収集した標本は、自身のコレクションを含め、おおむね1万点ほどではなかったかと推察される。その大半はオランダ国立植物学博物館ライデン大学分館に収蔵されている。その多くは押し葉標本だが、その他多量の液浸標本、種子など

の乾燥標本、材標本なども含まれる。

　生きた植物は多くが航海中に失われるが、それでもシーボルトは 2000 株近い日本植物の移出に成功した。それらはボイテンゾルフの植物園で馴化され、その後オランダに送られた。しかし、帰国の 1830 年頃はオランダは政情が流動的で、一部は彼の手には届かずじまいだった。

　シーボルトが描かせ、また収集した図譜は、図版製作の下絵として利用された。事情は不明だが、多くが日本人の手になる 1041 点の植物画がシーボルトの手元に止められていた。彼の没後、それらは一部の標本とともにロシアに売られ、現在はロシア科学アカデミー図書館に収蔵される。

　ただし、『日本植物誌』には 150 の彩色図版が収載されるが、その原図は一部が知られているだけで、他の多くは散逸または消失したものとみられている。

　シーボルトが日本人絵師に描かせた植物画コレクションが現在のかたちで残ったのは、日本など東アジアの植物相を研究したロシアの植物学者マキシモヴィッチの功績である。彼はこのコレクションが東アジア植物の研究に欠かせない資料だと考え、万難を排して入手のために奔走した。

　この植物画コレクション中もっとも数多いのが、川原慶賀の作品である。その他、シーボルトが 2 回目の来日の時に雇った清水東谷のもの、慶賀との関係が推測される川原玉賀・忠吉、江戸時代の名高い学者である宇田川榕菴、水谷豊文、桂川甫賢の自筆の植物画、シーボルトが来日の折りに伴ってきたヴィルヌーヴ、さらには『日本植物誌』刊行のためにミンジンガーなどによってつくられた印刷用の原図や版下、2 回目の来日時に購入したと考えられる既

存の植物図譜などが含まれている。

川原慶賀

　シーボルトの帰国6年後の天保7年（1836）に浪華書林積玉圃から刊行された、崎陽川原慶賀先生「慶賀写真草」は、植物の写生図56図からなる。この頃は宇田川蓉菴の「植物啓原」（天保4 = 1883年）のような近代植物学に通じる書が日本でも出版され始めていたが、それでも「慶賀写真草」の凡例の「都て一花の弁を解体して其詳なることを図に見わす。又、果実も解体して其図を見す」のような記述は驚きである。慶賀は花を解剖し、そのかたちを図に残している。今日でも植物学の教育を受けずには描けぬほどの精密さをもつ図である。

　慶賀は天明6年（1786）に長崎に生まれ、文久2年（1862）頃に亡くなったという。通称は登與助、諱は種美。慶賀は号だが、聴月楼主人ともいったらしい。出島への出入りが許された絵師として、オランダ人に土産用の絵を売り糧をえていたらしい。植物以外にもかなりの絵がライデンや日本に残っている。特にオランダ国立ライデン民族学博物館には動植物、風俗、諸器具など、800点に達する慶賀の作品がある。日本に残る永島きく像（個人蔵）やプチャーチン像（長崎県立美術館蔵）は単なる写実画にとどまらぬ不思議な魅力をたたえている。

　植物画のシーボルト・コレクションの中心をなす慶賀の作品は、その多くに落款があり、一部は署名をともなう。署名は「日本崎陽登與輔画」「長崎慶賀画」「慶賀画」など10種もあるが、これらの使い分け方はまだ不明である。

署名のない作品にも、慶賀の作か彼の手が入っていると考えられるものがある。また、署名や落款があっても、慶賀が単独で描いたとは考えられぬ作品もある。署名と落款をもつ作品の多くは、画面の構成、葉や花の配置が、典型的な西洋の植物画とは多少異なる。

慶賀の作品は多くが『日本植物誌』の下絵として利用された。しかしそれらは、ドイツやオランダの画家には稚拙に映った可能性がある。枝ぶりや葉や花の配置が、彼らの植物画の常識とは合致しないからである。そのため多くの作品で『日本植物誌』の版下とするための改変が行われた。

『日本植物誌』の中でも、ヤマブキやアケビは、慶賀の下絵の構図や雰囲気がよく保たれた状態で利用された例であろう。もっともアケビでは下絵とは左右が逆転し、葉数も増やされてはいるが、これらの作品は『日本植物誌』の図版中で最も自然らしさが横溢しているものである。

しかし、ビワやツバキになると、よほど注意してみないと下絵であることすらはっきりしない。各図版の解説でもふれたが、ビワでは、枝に輪生状に配する葉の上方の部分に、下絵の左側の部分が活かされている。ただし、花つきをよくするため花序は歪められ、不自然さを増した。葉の輪生状の配置も、ビワでは目にしないありようだ。この改変で、慶賀の下絵にあった、みるからにビワと思える自然さは、完膚無きまでに失われてしまったといってよい。

ツバキの場合は一層深刻である。そもそも八重咲きのツバキは、野生状態では見出すことができない。九州南部産の野生ツバキを描いたと思われる慶賀の図は、かろうじて枝についた葉のありさまにおもかげを留めるのみである。

アケビ　　　　　　　　ビワ

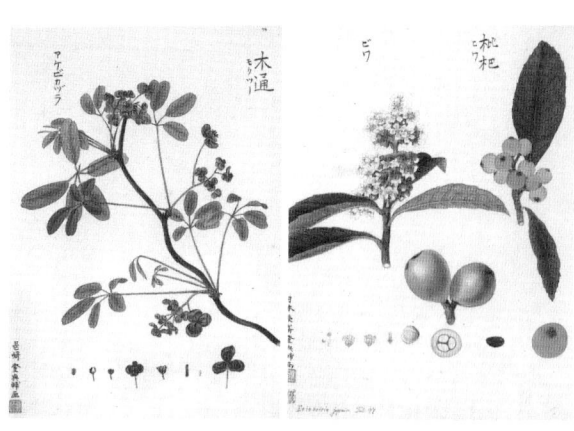

ツバキ　　　　　　　　ハマナス

川原慶賀の作品

ハマナスは『日本植物誌』の図版の中でも有名な作品だ。これも慶賀の作品を下絵としているが、一見そうとは判らない。改変の手順を追ってみよう。まず、慶賀の下絵本体の、横からみた花を、下絵に別途描かれた、真上からみた花の図と入れ替える。次にその花をもつ枝をＶ字状につなぎ合わせる。さらに下絵の下方に描かれていた無色の二葉を、花の周囲に描きたす。まったく同一であった花にちがいをもたらすため、右の花の花弁の一部をめくりあげる。こうして、自然のハマナスを知る者にとってはありえない、摩訶不思議なハマナスの図が誕生することになった。

　日本の植物をみたことがないドイツやオランダの版下画家に、これ以上を望むのは無理というものであろう。写真もない時代である。シーボルトこそ、こうした版下に手を入れ、修正の役割を果たすべき人物であった。帰国後の多忙さはそれを許さなかったとしても、図版の不備と不自然さの責任はひとえにシーボルトに帰せられよう。

園芸の台頭

　航海術の発達は、日本や中国から、金銀のほか、ヨーロッパにないものを多量にもたらした。陶器や漆器、絹をはじめとする織物、その他の美術工芸品である。貴族や上流階級、その他都市の新興の金持ちたちはそれらに興味を示し、買い集め、シノワズリー（中国趣味）やジャポニズム（日本趣味）などの言葉が生まれた。

　余裕と余暇は庭園や園芸趣味をも助長した。ここでも日本は大きな魅力をもつ国だった。しかもシーボルトよりも前に来日したケンペルやツュンベルクなどの先人の研究で、

日本には多様な植物があることが判りかけていた。

　庭園や園芸趣味は、多様な植物があってこそ発展するものである。もともと植物の多様性に欠けるヨーロッパの人々が、外地の植物に目を向けたのは当然であった。多様性から言えば、日本よりも熱帯圏の降雨に恵まれた地方の方がはるかに高い。しかし、確かに熱帯は植物の宝庫であるが、熱帯の植物のほとんどは、温室でも作らぬ限りヨーロッパでは栽培ができない。その点、温帯に位置する日本の植物は、ヨーロッパでも露地栽培の可能性が期待できた。日本の植物は、園芸家や園芸愛好家の垂涎の的であった。

　地球には寒暖の周期がある。最後の氷河期が去ったのがいまから１万年ほど前である。氷河期には氷河の拡大にともない、植物は分布域をより温暖な地域に移動し避難したが、ヨーロッパでは最後にアルプス山脈に前進を阻まれ、絶滅を余儀なくされた。氷河は日本など東アジアでも南下を続けたが、かなりの植物は、海面低下によって陸続きとなった島伝いに南方へ避難するなどして、絶滅の危機から救われた。つまりヨーロッパでは氷河期に絶滅した植物の多くが、日本では、その後誕生した新しい種や南方から侵入してきた植物とともに生き続けているのである。

　シーボルトの時代は、植物が生きた状態で長い輸送に耐える工夫や技術が発展していた。日本の多様な植物にふれたシーボルトは、日本の植物でヨーロッパの庭園を変革しようと目論んだ。この目的達成に向けて、シーボルトは様々な行動を起こし、実際に多数の日本の植物をヨーロッパの庭園に導入することに成功するのである。これが最初に述べた日本植物の通信販売を含む一連の行動である。

本書『日本植物誌』がヨーロッパでの日本植物の紹介にも寄与したことはいうまでもない。シーボルトも日本植物を含む園芸愛好家を『日本植物誌』の購読者として期待していた。それが『日本植物誌』の第1部を観賞あるいは有用植物に当てた主な理由でもあるだろう。

*

　オランダ領東インド政府は、1827年7月20日にシーボルトを帰国させる決定をした。質量ともにおいてそのコレクションの素晴らしさは、政府にまで知れ渡っていた。この帰国決定は、シーボルトをコレクションの活用に専念させようとしたためといわれている。

　帰国後のシーボルトの半生は、日本でのコレクションの研究と日本についての専門家、ロビーイストにあったといえる。彼は1816年3月バイエルン王国で貴族階級に登録され、また1842年11月にはオランダのハーグでヨンクヘールの称号を授かり、貴族に列せられた。1845年7月10日にベルリンにてヘレーネ・フォン・ガーゲルンと結婚し、三男二女をもうけた。

　シーボルトはいろいろな機会に再来日を期したが実現せず、やっとオランダ貿易会社という私企業の顧問の資格で、1859年から1863年まで再訪が実現した。目的は彼自身の学問的業績、日本の植物を産業に活かすことにあったとされるが、功をえることなく帰国した。1863年にオランダ陸軍を少将として退役し、故郷に帰った。その3年後の1866年10月18日、ミュンヘンで70年の生涯を閉じた。彼にはまだやることはたくさんあったにちがいない。

参考文献

石山禎一『シーボルト 日本の植物に賭けた生涯』2000年、里文出版

石山禎一、沓沢宣賢、宮坂正英、向井晃 編『新シーボルト研究』Ⅰ(自然科学・医学篇) Ⅱ(社会・文化・芸術篇)、2003年、八坂書房

大場秀章『花の男シーボルト』2001年、文藝春秋(文春新書)

大場秀章 編『シーボルトの21世紀』(東京大学コレクションⅩⅥ) 2003年、東京大学出版会

大場秀章 監修・著「シーボルト旧蔵日本植物図譜展」カタログ、1955年、アートライフ

大場秀章 監修・解説、瀬倉正克 訳『シーボルト日本植物誌(本文覚書篇)』2007年、八坂書房

呉秀三 著、岩生成一 解説『シーボルト先生 その生涯及び功績』1967年、平凡社(東洋文庫)

シーボルト 著、斉藤信 訳・注『江戸参府紀行』1967年、平凡社(東洋文庫)

山口隆男、加藤僖重「「フロラ・ヤポニカ」において紹介された植物の標本類」1998年、『熊本大学合津臨海実験所報』特別号Ⅱ

索　引

植 物 名

日本語の名称を五十音順に掲出した後に
学名をアルファベット順に掲出する。
図版提出ページは太字で示す。

アイノコレンギョウ　21
アオモリトドマツ　229
アカエゾマツ　237
アカマツ　**239**,240,244
アカメガシワ　173,**174**
アキタブキ　88
アケビ　169,**170**,172
アサガラ　109,**110**
アジサイ　69,89,117,**119**,120,125,128,136,137,145
アジサイ属　29,68,124,125,129,133,136,137,145
アスナロ　253,**254**,**255**,256
アスナロ属　253
アズマシャクナゲ　33
アマチャ　128,**131**,132
アマミクサアジサイ　145
アメリカアサガラ属　109
アメリカハナノキ　304
アメントタクスス属　280
アララギ　273
アンソッコウノキ　61
イスノキ　**203**,204
イスノキ属　204
イタヤカエデ　301
イチイ　273,**274**,280
イチイ属　273

イチョウ　289,**290**
イトヒバ　249,**250**
イナゴマメ　164
イヌカヤ　277
イヌガヤ　277,**278**,**279**,280,281
イヌガヤ科　280
イヌガヤ属　280,281
イヌガヤの一型　281,**282**
イヌマキ　**283**,284,285
イブキ　269,**270**,272
イブキビャクシン　269
イボタノキ　29
イロハカエデ　308
イロハモミジ　301,305,**307**,308,309
イワガラミ　**67**,68,124,**215**,216
イワガラミ属　68,145
イワダレネズ　272
ウコギ　29
ウツギ　**27**,28,29,205
ウツギ属　28,32
ウド　65,**66**
ウノハナ　28
ウバユリ　**43**,44
ウバユリ属　44
ウメ　37,**38**,185,241
ウラジロモミ　229,**231**,232

340

ウリ　312,313	キブシ　**51**,52
ウリカエデ　**311**,312	キブシ科　52
ウリハダカエデ　313,**314**	キブシ属　52
ウンヌケ　97	キブネギク　25
エゴノキ　61,**62**,108,109	キャラボク　273,277
エゾアジサイ　117,128	ギョクダンカ　**143**,144
エゾマツ　**235**,236,237	ギョリュウ　157,**158**
エビセンノウ　112	キリ　35,36
エビヅル　29	キリシマミズキ　53,56
オオアジサイ　125,**126**	キンカン　45
オオウバユリ　44	クサアジサイ　145,**146**,**147**,148
オオクサアジサイ　145	クサアジサイ属　145
オオシラビソ　229	クジャクシダ　208
オオツワブキ　**87**,88	クズ　97
オオデマリ　**89**,**90**	クスドイゲ　**191**,192,**215**,216
オオバチャ　**108**,201	クロキ　**63**,64
オオハマボウ　201	クロマツ　240,241,**242**,**243**,244
オキナグサ　**23**,24	ケケンポナシ　161
オタクサアジサイ　120,125	ゲンカ（芫花）　165,201
オタネニンジン　197	ケンポナシ　161,**162**,**163**,164
オニツクバネウツギ　84	ケンポナシ属　161
オニユリ　97	コアジサイ　**139**,140
雄マツ　241	コアマチャ　132
	コウヤマキ　217,**218**,**219**,220,221
ガク　117	コウヤマキ科　217
ガクアジサイ　89,117,**118**,121,125,128,136	コウヤマキ属　217
ガクウツギ　68,**135**,136	コウヤミズキ　53,56
ガクソウ　117	コウヨウザン（広葉杉）　221,**222**,**223**,224
カシワ　173	コウヨウザン属　221
カシワバアジサイ　137	コガクウツギ　136
カツラ　160	コジイ　20
カノコユリ　**39**,40,41,44	ゴシュユ　57,**58**
ガマズミ　29	コツクバネウツギ　**83**,84
カヤ　**275**,276,277,280	コナラ　225
カラマツ　225,**226**	コノテガシワ　249,**251**,252
ガンピ　**111**,112,113	

索引　341

コノテガシワ類　249
コバノハナイカダ　188
コミネカエデ　**299**,300
コメツガ　228
コヤブデマリ　92
ゴヨウマツ　245,**246**,248
ゴンズイ　149,**150**
ゴンズイ属　149
コンテリギ　136

ザイフリボク　**99**,100
サカキ　177,**178**,181
サカキ属　177
サクラ属　196
サザンカ　181,**182**,201
サツマフジ　165
サネカズラ　49,**50**
サルスベリ　208
サルトリイバラ　97
サワグルミ　317,**318**
サワグルミ属　317
サワシバ　301
サワシバカエデ　301
サワラ　257,**259**,260,261
サンザシ属　312
サンシキウツギ　80
サンシチ　184
サンシチソウ　**183**,184
サンシュユ　**115**,116
サンヒチ　184
シイ　**19**,20
ジイソブ　197
シイノキ　20
シキミ　**17**,18
シキミモドキ科　93
シゲンジ　165
シジミバナ　**155**,156

シダレヤナギ　153
シチダンカ　128,133,**134**,144
シナフジ　104
シナレンギョウ　21
シマナンヨウスギ　**297**,298
シメノウチ　309,**310**
シャクナゲ　33
シャジン（沙参）　197
シャリンバイ　**185**,186
シュウメイギク　25,**26**
シラタマユリ　41
シラビソ　229
シロアジサイ　128
シロカノコユリ　41,**42**
シロザキウツギ　73
シロバナウツギ　73,**75**,76
シロヤマブキ　213,**214**
シロヤマブキ属　213
ジンチョウゲ　165
スイカズラ　29,81
スイショウ　264
スイセンノウ　113
スギ　224,244,**263**,264,265,**266**
スギ属　264
スダジイ　20
セイヨウイチイ　273
セイヨウサンシュユ　116
センノウ　113,**114**,201
ソナレ　272

タカオカエデ　308
タチシャリンバイ　185
タニウツギ　73,**74**,76,81
タニウツギ節　76
タニウツギ属　68,76,81,84
タマアジサイ　141,**142**,144
タメトモユリ　41

チシャ　108	ナガキンカン　45
チシャノキ　108	ナギ　**287**,288
チドリノキ　301,**302**	ナツツバキ　208
チャ　181	ナツツバキ属　208
チョウジザクラ　165	ナツフジ　101,**102**,105
チョウセンゴヨウ　248	ナツフジ属　101,105
チョウセンニンジン　197	ナンバンキブシ　52
チョウセンマキ　280	ナンヨウスギ　**295**,296
チョウセンマツ　245,**247**,248	ナンヨウスギ属　293
ツガ　**227**,228	ニシキウツギ　80,81
ツガ属　228	ニシキギ　29
ツクシシャクナゲ　33,**34**	日本のクルミ　289
ツクシヤブウツギ　73,76,80,81,**82**	ニレ科　160
ツクバネウツギ　84	ニワウメ　60,**195**,196
ツクバネウツギ属　84	ニワザクラ　60,196
ツタ　29	ネズ　256,268
ツツジ属　68	ネズミサシ　**267**,268
ツバキ　**179**,180,181	ネズミサシ属　268
ツブラジイ　20	ノグルミ　**315**,316,317
ツルアジサイ　**123**,124,133,**134**,**199**,200	ノグルミ属　316
	ノヒメユリ　97,**98**
ツルデマリ　68,133	ノリウツギ　137,**138**
ツルニンジン　197,**198**	ノリノキ　137
ツルニンジン属　197	
ツワブキ　85,**86**,88	バアソブ　197
ディエルヴィラ属　76	バイカアマチャ　69,**70**
デボガヤ　277	バイカアマチャ属　69,145
ドイツトウヒ　237	ハイノキ属　64
トウシキミ　17	ハイビャクシン　**271**,272
ドウダンツツジ属　68	ハウチワカエデ　305,**306**
トウヒ　236	ハギ　97
トウヒ属　236,237,292	ハクウンボク　**107**,108,109,201
ドクダミ　48	ハコネウツギ　77,**78**,81
トサミズキ　53,**54**,56	ハゼバナ　156
トサミズキ属　53,56	ハチジョウキブシ　52
ドリアン　273	ハナイカダ　**187**,188

索　引　343

ハナイカダ属　188	ブラジルマツ　293,**294**
ハナノキ　**303**,304	ベコカヤ　277
ハナミズキ　48	ヘダマ　277
ハマナス　**71**,72	ベニガク　117,121,**122**,128
ハマビワ　189,**190**,**215**,216	ベニザキウツギ　73
ハマボウ　201,**202**	ベニシソ　37
ハマモッコク　185	ベニノリノキ　137
バラ　72,180	ヘボガヤ　277
パラナパイン　293	ベルガモット　164
ハリモミ　237,**238**	ボクイラ属　168
ハンカチノキ　48	ホソバマキ　285
ヒサカキ　29	ホンシャクナゲ　33
ビナンカズラ　49	
ヒノキ　253,257,**258**,260,265	マイコアジサイ　128
ヒノキアスナロ　253,256	マサキ　29
ヒノキ類　249	マツ　241,244,248
ヒバ　237,253	マツ属　225,240
ヒムロ　261,**262**	マツタケ　240
ヒムロスギ　261	マツモト　112
ヒメウツギ　28,**31**,32	マテバジイ　193,**194**
ヒメコマツ　245	マユミ　273
ヒメシャラ　**207**,208,209	マルキンカン　45,**46**
ヒメツガ　228	マルバウツギ　28,29,**30**,32
ビャクシン　269	マルバシャリンバイ　185
ヒュウガミズキ　53,**55**,56	マンゴスチン　273
ヒヨクヒバ　261	マンサク属　208
ヒョンノキ　204	マンテマ属　113
ビワ　189,209,**210**	ミカン　45
ビワ属　209	ミズキ属　81
フイリヤマブキ　212,213	ミズナラ　228
フサザクラ　**159**,160	ミズバショウ　48
フサザクラ属　160	ミツバアケビ　**171**,172
フジ　101,**103**,104,105	ミツバウツギ　205,**206**,209
フジサンシキウツギ　80	ミツバウツギ属　205
フジ属　105	ミナヅキ　137
フジモドキ　165,**166**,201	ミヤマシキミ　**151**,152
ブナ　225,228	ミヤマシキミ属　152

ムベ　　**167**,168
メイゲツモミジ　　301
メガルカヤ　　97
モクマオウ　　249
モチノキ　　64
モッコク　　**175**,176,181,185
モミ　　229,**230**,233,**234**
モミジの仲間　　301,308
モミ属　　229,232,233,292
モミノキ　　277
モミ類　　292
モミ類の葉痕と葉枕　　**291**
モモ属　　196

ヤエヤマブキ　　212
ヤブウツギ　　**79**,80
ヤブデマリ　　89,**91**,92,129,133
ヤブデマリ属　　89,129
ヤマアジサイ　　117,121,**127**,128,129,**130**,132,133,136,144
ヤマグルマ　　93,**94**,**95**,96,160
ヤマグルマ科　　93
ヤマグルマ属　　93
ヤマトラノオ　　97

ヤマブキ　　21,**211**,212,213,224
ヤマブキ属　　212
ヤマフジ　　101,104,105,**106**
ヤマボウシ　　**47**,48
ヤマユリ　　44
ユウギリソウ　　140
ユキヤナギ　　153,**154**,156
ユスラウメ　　**59**,60,196
ユリ　　40,41,44,97
ユリ属　　44
ヨーロッパアカマツ　　240
ヨーロッパモミ　　229

ラカンマキ　　285,**286**
ラルディザバラ属　　168
ランダイスギ　　221
リュウガン　　273
リュウキュウハナイカダ　　188
ルイヨウショウマ属　　208
レンギョウ　　21,**22**

40エキュの木　　289
umbrella pine　　217

索　引　345

Abelia　84
　serrata　84
　spathulata　84
Abies　229, 292
　alba　229
　bifida　233
　firma　229, 233
　homolepis　232
　jezoensis　236
　leptolepis　225
　polita　237
　tsuga　228
Acer carpinifolium　301
　crataegifolium　312
　japonicum　305
　micranthum　300
　palmatum　308
　palmatum f. *lineariloba*　309
　pycnanthum　304
　rufinerve　313
　trifidum　304
Akebia lobata　172
　quinata　169
　trifoliata　172
Amelanchier asiatica　100
Amentotaxus　280
Amygdalus　196
Anemone cernua　24
　hupehensis var. *japonica*　25
　japonica　25
Aralia cordata　65
Aralia edulis　65
Araucaria　293
　angustifolia　293
　brasiliana　293
　cunninghamii　296
　excelsa　297

　heterophylla　297
Armeniaca mume　37
Aronia asiatica　100

Benthamia japonica　48
Benthamidia japonica　48
Boquila　168
Boymia rutaecarpa　57

Camellia japonica　180
　sasanqua　181
Campanumoea lanceolata　197
Cardiandra alternifolia　145
Cardiocrinum　44
　cordatum　44
Castanopsis cuspidata　20
　sieboldii　20
Cephalotaxus　280
　drupacea　277, 281
　harringtonia　277, 281
　pedunculata　281
Cerasus　196
　glandulosa　196
　japonica　196
　tomentosa　60
Chamaecyparis　257
　obtusa　257
　pisifera　260
　pisifera 'Squarrosa'　261
Citrus japonica　45
Cleyera japonica　177
Codonopsis lanceolata　197
Cornus mas　116
　officinalis　116
Corylopsis glabrescens　53
　keisakii　53
　pauciflora　56

spicata 53
Crataegus 312
Cryptomeria 264
　japonica 264
Cunninghamia 221
　lanceolata 221
　sinensis 221

Daphne genkwa 165
Deutzia 28
　crenata 28
　gracilis 32
　scabra 29
Diervilla 76
　floribunda 80
　grandiflora 77
　hortensis var. *albiflora* 76
　hortensis var. *rubra* 73
　japonica 81
Distylium 204
　racemosum 204

Eriobotrya 209
　japonica 209
Euptelea pleiosperma 160
　polyandra 160
Euscaphis japonica 149
　staphyleoides 149

Farfugium japonicum f. *giganteum* 88
　japonicum f. *japonicum* 85
Forsythia × *intermedia* 21
　suspensa 21
　viridissima 21
Fortunella japonica 45

Ginkgo 289
　biloba 289
Glyptostrobus pensilis 264
Gynura japonica 184

Halesia 109
Helwingia 188
　japonica 188
　rusciflora 188
Hibiscus hamabo 201
Hisingera racemosa 192
Hovenia dulcis 161
　tomentella 161
Hydrangea acuminata 128
　azisai 117
　belzonii 125
　bracteata 200
　cordifolia 133, 200
　hirta 140
　involucrata 144
　involucrata f. *hortensis* 144
　involucrata f. *involucrata* 141
　japonica 121
　macrophylla 'Otaksa' 120
　macrophylla f. *normalis* 117, 125
　otaksa 120
　paniculata 137
　petiolaris 124, 133, 200
　scandens 136
　serrata 129
　serrata var. *serrata* 128
　serrata var. *serrata* f. *prolifera* 133
　serrata var. *serrata* f. *rosalba* 121
　serrata var. *thunbergii* 132

索　引　347

stellata 133
thunbergii 132
virens 136

Illicium anisatum 17
  religiosum 17

Juniperus 268
  chinensis 269
  procumbens 272
  rigida 268

Kadsura japonica 49
Kerria 212
  japonica 212

Lardizabala 168
Larix kaempferi 225
Ligularia gigantea 88
  kaempferi 85
Lilium 44
  callosum 97
  cordifolium 44
  speciosum α. kaempferi 40
  speciosum β. tametomo 41
  speciosum f. *speciosum* 40
  speciosum f. *vestale* 41
Listea japonica 189
Lithocarpus edulis 193
Lychnis 113
  chalcedonica 113
  fulgens 113
  grandiflora 112
  senno 113

Mallotus japonicus 173
Millettia japonica 101

Nageia nagi 288

Paulownia 36
  imperialis 36
  tomentosa 36
Picea 236, 292
  abies 237
  jezoensis 236
  jezoensis var. *hondoensis* 236
  polita 237
Pinus 240
  densiflora 240
  kaempferi 225
  koraiensis 248
  massoniana 241
  parviflora 245
  sylvestris 240
  thunbergii 241
Platycarya 316
  strobilacea 316
Platycrater arguta 69
Podocarpus macrophylla 284
  macrophylla var. *maki* 285
  macrophyllus 284
  nageia 288
Porophyllum japonicum 184
Prunus japonica 196
  mume 37
  tomentosa 60
Pterocarya 317
  rhoifolia 317
Pterostyrax corymbosa 109
Pulsatilla cernua 24

Quercus cuspidata 20
  glabra 193

Raphiolepis japonica 185
　umbellata 185
Retinispora 257
　obtusa 257
　pisifera 260
　squarrosa 261
Rhododendron degronianum
　subsp. *heptamerum* 33
　metternichii 33
Rhodotypos 213
　kerrioides 213
　scandens 213
Rosa rugosa 72
Rottlera japonica 173

Salisburia 289
Schizophragma hydrangeoides 68
Sciadopitys 217
　verticillata 217
Silene 113
　senno 113
　sinensis 112
Skimmia japonica 152
　japonica var. *japonica* 152
Spiraea crenata 153, 156
　prunifolia 156
　thunbergii 153
Stachyurus praecox 52
Staphylea 205
　bumalda 205
Stauntonia hexaphylla 168
Stewartia 208
　monadelpha 208
Stuartia monadelpha 208
Styrax benzoin 61
　japonicum 61
　japonicus 61
　obassia 108
Symplocos lucida 64

Tamarix chinensis 157
Taxus 273
　cuspidata 273
　harringtonia 281
Ternstroemia gymnanthera 176
　japonica 176
Tetradium ruticarpum 57
Tetranthera japonica 189
Thuja orientalis 252
　orientalis 'Flagelliformis' 249
　pendula 249
Thujopsis 253
　dolabrata 253
Torreya nucifera 276
Trochodendron aralioides 93
Tsuga 228
　sieboldii 228

Viburnum plicatum 89
　plicatum f. *plicatum* 89
　plicatum f. *tomentosum* 92
　serratum 129, 132
　tomentosum 92

Weigela 76
　coraeensis 77
　floribunda 80
　hortensis f. *albiflora* 76
　hortensis f. *hortensis* 73
　japonica 81
Wisteria brachybotrys 105

floribunda 104
japonica 101
sinensis 104

Xylosma congestum 192

人　名

伊藤圭介　88, 232, 261, 304
イネ（稲）　216
ヴィルヌーヴ　164, 176
ウィルヘルム、ゴットリープ　160
ヴィルヘルム、フリードリヒ　177
ウィレム2世　36
ヴェイチ　220
ヴェイト　161
ウォーリック　152
宇田川榕菴　69, 77, 88
カー、ウィリアム（Kerr, William）　212, 224
葛飾北斎　88, 265
桂川甫賢　236
加藤僖重　148
カルトドーフ　148
川原慶賀　17, 24, 49, 65, 69, 72, 73, 85, 96, 104, 136, 141, 148, 161, 164, 168, 169, 172, 173, 176, 180, 185, 189, 193, 205, 209, 212, 213, 233, 236, 264, 285
クライヤー、アンドレアス　177
黒田斉清　37
ケンペル　17, 40, 41, 77, 113, 164, 225, 252
サヴァチェ　53
茂伝之進　268
清水東谷　265
スパッハ　257
スミス　289
スランジェ　129
タキ（滝、お滝さん）　49, 120, 216
ツネ（常）　216
ツュンベルク　17, 20, 28, 29, 40, 76, 113, 120, 125, 129, 132, 152, 153, 156, 161, 177, 196, 225, 268
徳川吉宗　37
二宮敬作　53
パウロウナ、アンナ　36
ピストリウス、フェルケルク　21
ビュルガー（Bürger, Heinrich）　96, 216, 256
フォーチュン　112
フォーブス、ジェームス　281
フッカー　160
フランシェ　53
ブラントル　93
ブンゲ　104
本田正次　156
牧野富太郎　20, 44
ミクェル　221, 268, 304
水谷助六（豊文）　125, 232, 304
源為朝　41
美馬順三　109
ミンジンガー　85
メッテルニッヒ　33
最上徳内　236
山口隆男　148
ランバート　225
リンドレー　41, 44
リンネ　17, 252, 289

ten Hoven, David　161
van der Deutz, Johan　28

索　引　351

ちくま学芸文庫

二〇〇七年十二月十日	第一刷発行
二〇二五年二月十日	第七刷発行

シーボルト　日本植物誌(にほんしょくぶつし)

監修・解説　大場秀章(おおば・ひであき)

発行者　増田健史

発行所　株式会社　筑摩書房
　　　　東京都台東区蔵前二 ─ 五 ─ 三　〒一一一 ─ 八七五五
　　　　電話番号　〇三 ─ 五六八七 ─ 二六〇一（代表）

装幀者　安野光雅

印刷所　三松堂印刷株式会社

製本所　三松堂印刷株式会社

乱丁・落丁本の場合は、送料小社負担でお取り替えいたします。本書をコピー、スキャニング等の方法により無許諾で複製することは、法令に規定された場合を除いて禁止されています。請負業者等の第三者によるデジタル化は一切認められていませんので、ご注意ください。

© HIDEAKI OHBA 2007　Printed in Japan
ISBN978-4-480-09123-9　C0145